现代力学丛书

材料本构关系理论讲义

朱兆祥　著

科 学 出 版 社
北 京

内 容 简 介

《材料本构关系理论讲义》是根据朱兆祥先生自上世纪七十年代末以来长期讲授“材料本构关系理论（现代连续介质力学）”的讲义整理而成，简明深入，尤其适合初学者入门使用. 全书共 8 章. 第 1 章是张量和矩阵，第 2 章是运动和变形，第 3 章是动力学分析，第 4 章是变形热力学，第 5 章是本构方程的一般原理，第 6 章是弹性，第 7 章是弹塑性，第 8 章是黏弹性. 本书既侧重基础，又反映作者在结合爆炸力学应用研究方面的成果，独具特色.

本书可供力学专业、应用数学、应用物理、工程科学等专业的高年级本科生和研究生用作教材，也可作为力学和相关专业师生及科技工作者的参考书.

图书在版编目（CIP）数据

材料本构关系理论讲义/朱兆祥著. —北京：科学出版社，2014
(现代力学丛书)
ISBN 978-7-03-042396-2

Ⅰ. ①材… Ⅱ. ①朱… Ⅲ. ①材料力学-本构关系-高等学校-教材
Ⅳ. ①TB301

中国版本图书馆 CIP 数据核字 (2014) 第 258738 号

责任编辑：刘信力／责任校对：张怡君
责任印制：赵 博／封面设计：陈 敬

科 学 出 版 社 出版
北京东黄城根北街 16 号
邮政编码：100717
http://www.sciencep.com

三河市春园印刷有限公司印刷

科学出版社发行 各地新华书店经销
*
2015 年 1 月第 一 版 开本: 720 × 1000 1/16
2025 年 1 月第五次印刷 印张: 9
字数: 164 000

定价：58.00 元
(如有印装质量问题，我社负责调换)

丛 书 序

《现代力学丛书》是由中国科学院力学研究所编著的一套丛书，由科学出版社出版。本丛书作者为中国科学院力学研究所科研人员、客座研究人员和其他相关人员。出版本丛书的目的是总结和提高我们近年来的科学研究成果，并促进相关学科领域的开拓。中国科学院力学研究所自成立以来，既从事基础研究，也以基础研究为手段，参与和承担了国家和部门委托的许多任务，取得了一系列重要的成果。我们认为，将这些成果分类整理、系统化，并加以提高，在此基础上出版专著，是一件很有价值的事，既有利于中国科学院力学研究所科研工作的进一步提高，也有利于为广大读者获取新的知识，共同促进力学学科的繁荣发展。

本丛书可供相关专业的科研人员和研究生参考。

郑哲敏

二〇〇九年二月于北京

代　　序

朱兆祥先生是我十分敬仰的师长。

先生早年投身革命。在 1956 年, 中国科学院力学研究所的初创时期, 先生是钱学森所长任命的学术秘书, 同时还参与了塑性力学组的研究工作。在 1958 年, 科学出版社出版了先生翻译的苏联诺沃日洛夫著的《非线性弹性力学基础》, 这表明先生已经敏锐地觉察到了力学中的大变形、非线性的发展趋势。

在“阳谋”运动 (反右派运动) 中, 先生因去看望清华大学某一力学家而被错定为“反党分子”。虽然同去数人, 但是先生独自承担了一切, 这显示了先生高贵的政治品质。背着沉重的政治包袱, 先生离开了中国科学院力学研究所, 到了刚开办的中国科学技术大学。我第一次见到先生是先生作为爆炸力学专业的主任, 带领我们这些年轻学子去某大厂参观学习。先生待人和蔼可亲, 言谈中既有丰富的书本知识, 又具有实际经验。连该厂的工人都说: 你们的这位老师不像“反党分子”。

虽然先生在政治上蒙受不白之冤, 但仍一直坚持着他在科学上的追求。他看到了理性力学 (现在称连续介质力学) 作为整个力学的基础的重要性, 潜心于理性力学的研究。即使是在“黄钟毁弃、瓦釜雷鸣”的动乱年代, 先生仍在孤独地、默默地继续着这方面的工作。

在动乱结束、百废待兴的改革开放初期, 先生重又活跃在了教学与科研第一线。1978 年先生在中国科学技术大学为首届研究生和本科生开设了“材料本构关系理论 (现代连续介质力学)”, 领全国之先。当时条件艰苦, 凡事都要亲力亲为, 先生自己准备讲义、登台讲授。先生还到其他高校和科研单位讲过这门课或有关的专题。因此, 可以说先生对这门学科在国内的传播和普及是有大功的。

先生的这本讲义, 经过十余年的使用、修改和补充, 由王礼立、沈利君两位教授整理出版, 这是一件十分令人庆幸的事。先生具有深厚的数学和力学基础, 对比较抽象的连续介质力学问题, 总能化繁为简、深入浅出, 使初学者易于理解和接受。先生早年从事塑性力学研究, 从宁波大学校长位子上退下来后又带着研究生从事黏弹性理论与实验研究, 本书的后两章就是先生对这两个方面的总结概括, 既包括前人的工作, 也包括先生本人的工作。先生的讲义, 诞生于三十年前, 一直不断地修改和补充。三十年来连续介质力学的发展是十分可观的, 成果也十分丰富, 但基本的研究工具和方法、理论框架未变。国内出版的介绍连续介质力学的著作也相当多, 有志于连续介质力学的学习者有了很多选择。但是先生的这本书对于那些初次接触连续介质力学的人来说仍是十分适合的入门读物。

先生去世前两年, 我曾和一位朋友去先生家中探望。当时先生已不能与人正常交流, 面对这位终生献身科学与教育、关心国家命运前途的耄耋老者, 我真有无限慨叹。

先生的书要出版了, 中国科学院力学研究所领导要我为该书写序, 我真感到诚惶诚恐。虽然我曾多年为研究生讲授连续介质力学课程, 也在这方面做了些研究工作, 但自知在学问和事业上都难以望先生项背。我只好写了上面的话, 不作为序, 作为对先生的怀念与追思吧。

中国科学院大学　王文标

2014 年 4 月

符 号 说 明

a, A: 表示标量

$\boldsymbol{a}$: 表示向量

$\boldsymbol{A}$: 表示二阶或高阶张量

$\boldsymbol{X}$: 物质坐标系 (Lagrange 坐标系)

$\boldsymbol{x}$: 空间坐标系 (Euler 坐标系)

$\boldsymbol{F}$: 变形梯度 (deformation gradient)

$\det(\ )$: 矩阵的行列式

$\boldsymbol{A}^{\mathrm{T}}$: 矩阵或张量的转置

$\boldsymbol{A}^{-1}$: 矩阵或张量的逆

$\boldsymbol{V}$: 变形梯度极分解中的左伸长张量

$\boldsymbol{U}$: 变形梯度极分解中的右伸长张量

$\boldsymbol{E}$: Green 应变张量

$\boldsymbol{w}$: 位移向量

$\boldsymbol{H}$: 位移梯度

$\boldsymbol{L}$: 速度梯度

$\boldsymbol{D}$: 伸缩率 (stretching)，应变率

$\boldsymbol{W}$: 转动率 (spin)

$\dot{\boldsymbol{A}}$: 物质时间导数 (material time derivative)

$\overset{\circ}{\boldsymbol{A}}$: 本构导数 (objective derivative)

$\boldsymbol{\sigma}$: 真应力 (Cauchy 应力)

$\boldsymbol{S}$: Piola 应力

$\varSigma$: Piola-Kirchhoff 应力 (对称)

$\mathrm{tr}(\ )$: 迹 (trace)

Q: 热

W: 外功

W_s: 变形功 (应力功)

w_s: 单位质量变形功

U: 内能

u: 单位质量内能

T: 温度

S: 熵

s: 单位质量熵

$\boldsymbol{h}$: 热流向量
K: 动能
k: 单位质量动能
δ: 内耗散
H: 焓
G: 自由焓 (Gibbs 自由能)
ψ: 自由能
P: 压力
$\xi_n(t)$: 内变量

目　　录

第 1 章　张量和矩阵

首先，我们给出张量的两种病态定义。

1.1　向量空间和线性映照

以一点上的应力为例，如图 1.1.1 所示. 在选定的直角坐标系 x，y，z 中，法线方向为 $\boldsymbol{n}$ 的平面上的应力向量 $\boldsymbol{t}$ 可以通过四面体的平衡用坐标平面上的应力分量 T_{xx}，T_{yx}，$\cdots$ 表示出：

$$\begin{aligned} t_x &= T_{xx}n_x + T_{xy}n_y + T_{xz}n_z \\ t_y &= T_{yx}n_x + T_{yy}n_y + T_{yz}n_z \\ t_z &= T_{zx}n_x + T_{zy}n_y + T_{zz}n_z \end{aligned} \tag{1.1.1}$$

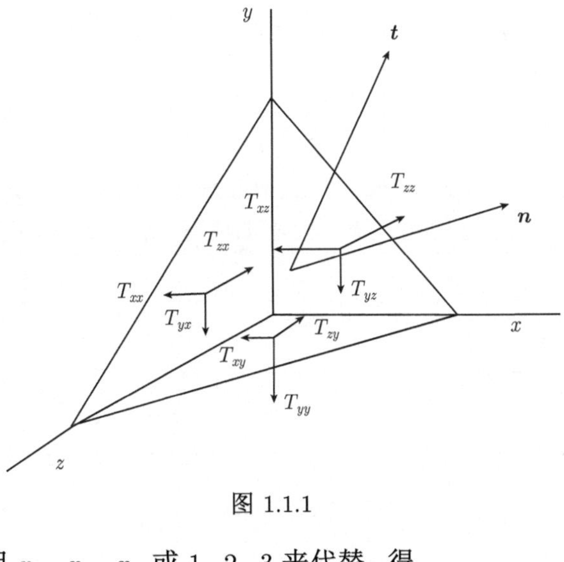

图 1.1.1

把 x，y，z 用 x_1，x_2，x_3 或 1，2，3 来代替，得

$$t_i = \sum_{j=1}^{3} T_{ij}n_j \quad (i,j = 1,2,3) \tag{1.1.2}$$

编辑注：作者原稿的第 1 章是“引论”，但只列出了五点纲要：1. 材料的力学性能；2. 拉伸、压缩和剪切实验；3. 时间效应；4. 温度效应；5. 材料本构关系理论的任务。作者生前未及成文。鉴于此，现将原稿第 1 章的附录内容作为第 1 章的内容，改名为“张量和矩阵”。

引进 Einstein 的**取和约定**，即把 $\sum$ 符号省略，只要看到式子中两个下标 (如下式中的 j) 相同，就表示对这个指标从 1 到 3 取和：

$$t_i = T_{ij} n_j \tag{1.1.3}$$

此式可等价地用矩阵符号 (式 (1.1.4)) 或直接 (抽象) 符号 (式 (1.1.5)) 表示：

$$\begin{bmatrix} t_1 \\ t_2 \\ t_3 \end{bmatrix} = \begin{bmatrix} T_{11} & T_{12} & T_{13} \\ T_{21} & T_{22} & T_{23} \\ T_{31} & T_{32} & T_{33} \end{bmatrix} \begin{bmatrix} n_1 \\ n_2 \\ n_3 \end{bmatrix} \tag{1.1.4}$$

$$\boldsymbol{t} = \boldsymbol{T}\boldsymbol{n} \tag{1.1.5}$$

向量 $\boldsymbol{n}$，$\boldsymbol{t}$ 等满足自己特有的一套加法规则 (即平行四边形加法规则) 和数量乘法规则 (即向量长度延长规则)，例如，对于任意向量 $\boldsymbol{a}$ 和 $\boldsymbol{b}$ 以及任意标量 k 有

$$\begin{bmatrix} a_1 \\ a_2 \\ a_3 \end{bmatrix} + \begin{bmatrix} b_1 \\ b_2 \\ b_3 \end{bmatrix} = \begin{bmatrix} a_1 + b_1 \\ a_2 + b_2 \\ a_3 + b_3 \end{bmatrix}$$

$$k \cdot \begin{bmatrix} a_1 \\ a_2 \\ a_3 \end{bmatrix} = \begin{bmatrix} k \cdot a_1 \\ k \cdot a_2 \\ k \cdot a_3 \end{bmatrix}$$

类似这种定义了自己特有的加法规则和数量乘法规则的向量全体所形成的集合，叫做**向量空间**(线性空间)。这种集合中的元素如向量 $\boldsymbol{a}$，$\boldsymbol{b}$，$\boldsymbol{c}$ 等还要满足如下 8 种运算规则：

$$\begin{cases} \boldsymbol{a} + \boldsymbol{b} = \boldsymbol{b} + \boldsymbol{a}\,, & (\boldsymbol{a} + \boldsymbol{b}) + \boldsymbol{c} = \boldsymbol{a} + (\boldsymbol{b} + \boldsymbol{c}) \\ \boldsymbol{a} + \boldsymbol{0} = \boldsymbol{a}\,, & \boldsymbol{a} + (-\boldsymbol{a}) = \boldsymbol{0} \\ 1 \cdot \boldsymbol{a} = \boldsymbol{a}\,, & (kl) \cdot \boldsymbol{a} = k \cdot (l \cdot \boldsymbol{a}) \\ (k + l) \cdot \boldsymbol{a} = k \cdot \boldsymbol{a} + l \cdot \boldsymbol{a}\,, & k \cdot (\boldsymbol{a} + \boldsymbol{b}) = k \cdot \boldsymbol{a} + k \cdot \boldsymbol{b} \end{cases}$$

式中，零向量 $\boldsymbol{0}$ 和负向量 $-\boldsymbol{a}$ 都是这个向量空间中的元素。

关系 $\boldsymbol{t} = \boldsymbol{T}\boldsymbol{n}$ 是一种映照关系，即**算子** $\boldsymbol{T}$ 把向量空间中的一个原象 $\boldsymbol{n}$ 映照成为自身空间中的一个**映像** $\boldsymbol{t}$。这种映照又是线性的，因为由平衡关系和几何关系 (图 1.1.1) 有

$$\boldsymbol{t}\mathrm{d}a + \boldsymbol{t}^{(1)}\mathrm{d}a_1 + \boldsymbol{t}^{(2)}\mathrm{d}a_2 + \boldsymbol{t}^{(3)}\mathrm{d}a_3 = 0 \tag{1.1.6}$$

$$\boldsymbol{n}\mathrm{d}a + \boldsymbol{n}^{(1)}\mathrm{d}a_1 + \boldsymbol{n}^{(2)}\mathrm{d}a_2 + \boldsymbol{n}^{(3)}\mathrm{d}a_3 = 0$$

式中，$\mathrm{d}a$ 是四面体 $\boldsymbol{n}$ 面的面积，而 $\mathrm{d}a_k$，$\boldsymbol{n}^{(k)}$，$\boldsymbol{t}^{(k)}$ 分别是坐标面 k 的面积、外向法线向量和外向 (拉) 应力向量。向量 $\boldsymbol{n}$ 的分量为 $n_k=\dfrac{\mathrm{d}a_k}{\mathrm{d}a}$，因此以上两式可以改写为

$$\boldsymbol{t}=-n_k\boldsymbol{t}^{(k)},\quad \boldsymbol{n}=-n_k\boldsymbol{n}^{(k)} \tag{1.1.7}$$

映照算子 $\boldsymbol{T}$ 作用到式 (1.1.7) 的第二式得

$$\boldsymbol{t}=\boldsymbol{T}\boldsymbol{n}=\boldsymbol{T}\left(-n_k\boldsymbol{n}^{(k)}\right) \tag{1.1.8}$$

映照关系对向量 $\boldsymbol{t}^{(k)}$，$\boldsymbol{n}^{(k)}$ 也适用，故有

$$\boldsymbol{t}^{(k)}=\boldsymbol{T}\boldsymbol{n}^{(k)} \tag{1.1.9}$$

所以式 (1.1.7) 的第一式变成

$$\boldsymbol{t}=-n_k\boldsymbol{T}\boldsymbol{n}^{(k)} \tag{1.1.10}$$

由此得出

$$\boldsymbol{T}(-n_k\boldsymbol{n}^{(k)})=-n_k\boldsymbol{T}\boldsymbol{n}^{(k)} \tag{1.1.11}$$

或者一般地

$$\boldsymbol{T}(k\boldsymbol{a}+l\boldsymbol{b})=k\boldsymbol{T}\boldsymbol{a}+l\boldsymbol{T}\boldsymbol{b} \tag{1.1.12}$$

这样的映照叫做**线性映照**或者**线性变换**。

把向量空间映照到自身的线性映照算子叫做二阶**张量**，简称张量。

在力学量中，如应力、应变、转动惯量等是三维空间中的二阶张量。多自由度系统中的刚度矩阵、质量矩阵是多维空间中的二阶张量。在量子力学中的能量算子 $\mathrm{i}\hbar\dfrac{\partial}{\partial t}$、动量算子 $-\mathrm{i}\hbar\nabla$ 等是无穷维空间中的二阶张量。把一个向量的方向变化到另一个方向的转动变换是一种线性映照，因而映照算子是二阶张量。

零映照 $\boldsymbol{0}$ 和恒等映照 $\boldsymbol{I}$

$$\boldsymbol{0}\boldsymbol{n}=\boldsymbol{0},\quad \boldsymbol{I}\boldsymbol{u}=\boldsymbol{u} \tag{1.1.13}$$

都是线性映照，也是二阶张量。

以一单位向量 $\boldsymbol{r}$ 点乘任意向量 $\boldsymbol{u}$，其值是一标量，表示 $\boldsymbol{u}$ 在 $\boldsymbol{r}$ 上的投影。$\boldsymbol{u}$ 在 $\boldsymbol{r}$ 方向上的投影向量 $\boldsymbol{v}$ 可以写成

$$\boldsymbol{v}=\boldsymbol{r}(\boldsymbol{r}\cdot\boldsymbol{u})=(\boldsymbol{r}\boldsymbol{r}\cdot)\boldsymbol{u}=(\boldsymbol{r}\boldsymbol{r})\boldsymbol{u} \tag{1.1.14}$$

这里的算子 $\boldsymbol{r}\boldsymbol{r}\cdot$ 也简写成 $\boldsymbol{r}\boldsymbol{r}$，近来则常写成 $\boldsymbol{r}\otimes\boldsymbol{r}$，它把向量 $\boldsymbol{u}$ 变成 $\boldsymbol{r}$ 方向的投影向量 $\boldsymbol{v}$，可以叫做**投影子**。这种张量是**并矢**的一个特例。$\boldsymbol{u}$ 在和 $\boldsymbol{r}$ 垂直方向的分量向量为

$$\boldsymbol{v}=\boldsymbol{I}\boldsymbol{u}-(\boldsymbol{r}\boldsymbol{r})\boldsymbol{u}=(\boldsymbol{I}-\boldsymbol{r}\boldsymbol{r})\boldsymbol{u} \tag{1.1.15}$$

张量 $(\boldsymbol{I}-\boldsymbol{rr})$ 叫做**离心子**。

一般的并矢是两个任意向量 $\boldsymbol{a}$，$\boldsymbol{b}$ 的并列，有下式定义：

$$(\boldsymbol{ab})\boldsymbol{u}=\boldsymbol{a}(\boldsymbol{b}\cdot\boldsymbol{u}) \tag{1.1.16}$$

任何二阶张量可以用并矢作为单元来构成。如 $\boldsymbol{a}$，$\boldsymbol{b}$ 是方向不同的单位向量，令 $\boldsymbol{u}=\boldsymbol{b}$，可见 $(\boldsymbol{ab})\boldsymbol{b}=\boldsymbol{a}$，即张量 $\boldsymbol{ab}$ 是一个**转动子**，它把方向为 $\boldsymbol{b}$ 的单位向量转到 $\boldsymbol{a}$ 的方向。

向量的叉乘

$$\boldsymbol{v}=\boldsymbol{r}\times\boldsymbol{u} \tag{1.1.17}$$

中算子 $\boldsymbol{r}\times$ 把向量 $\boldsymbol{u}$ 变换成垂直于 $(\boldsymbol{r}, \boldsymbol{u})$ 平面的另一向量 $\boldsymbol{v}$，如果 $\boldsymbol{r}$ 是单位向量，则算子 $\boldsymbol{r}\times$ 把向量 $\boldsymbol{u}$ 先变成垂直于 $\boldsymbol{r}$ 的分量向量，然后再绕 $\boldsymbol{r}$ 轴逆时针旋转 90° 而成为向量 $\boldsymbol{v}$，这种张量叫做**旋转子**。

1.2 张量的运算

下面是张量的一些基本运算的定义以及由此导出的一些结论。设有二张量$\boldsymbol{A}$，$\boldsymbol{B}$。

(1) 张量的加法

$$(\boldsymbol{A}+\boldsymbol{B})\boldsymbol{u}\equiv\boldsymbol{Au}+\boldsymbol{Bu} \tag{1.2.1}$$

(2) 张量的乘法

$$(\boldsymbol{AB})\boldsymbol{u}\equiv\boldsymbol{A}(\boldsymbol{Bu}) \tag{1.2.2}$$

但是一般地说，$\boldsymbol{ABu}\neq\boldsymbol{B}(\boldsymbol{Au})$，$\boldsymbol{AB}\neq\boldsymbol{BA}$，如果 $\boldsymbol{AB}=\boldsymbol{BA}$，则 $\boldsymbol{A}$，$\boldsymbol{B}$ 为**互易**。

(3) 张量的幂

$$\boldsymbol{A}^0\equiv\boldsymbol{I},\quad \boldsymbol{A}^1\equiv\boldsymbol{A},\quad \boldsymbol{A}^2\equiv\boldsymbol{AA},\quad \boldsymbol{A}^n\equiv\boldsymbol{AA}\cdots\boldsymbol{A} \tag{1.2.3}$$

通常的指数定律成立：

$$\boldsymbol{A}^m\boldsymbol{A}^n=\boldsymbol{A}^{m+n},\quad (\boldsymbol{A}^m)^n=\boldsymbol{A}^{mn}\quad (m，n\text{为正整数})$$

(4) 张量的逆

如二张量 $\boldsymbol{A}$，$\boldsymbol{B}$ 之间有关系：

$$\boldsymbol{AB}=\boldsymbol{I}$$

则有

$$\boldsymbol{ABu}=\boldsymbol{Iu}=\boldsymbol{u}$$

两边左乘以 $\boldsymbol{B}$ 得

$$(\boldsymbol{BA})\boldsymbol{Bu}=\boldsymbol{Bu}$$

因此

$$\boldsymbol{BA}=\boldsymbol{I}$$

于是，$\boldsymbol{B}$ 与 $\boldsymbol{A}$ 互为**逆**，记作 $\boldsymbol{B}=\boldsymbol{A}^{-1}$，$\boldsymbol{A}=\boldsymbol{B}^{-1}$，因而

$$\boldsymbol{AA}^{-1}=\boldsymbol{A}^{-1}\boldsymbol{A}=\boldsymbol{I} \tag{1.2.4}$$

因为

$$\boldsymbol{ABB}^{-1}\boldsymbol{A}^{-1}=\boldsymbol{B}^{-1}\boldsymbol{A}^{-1}\boldsymbol{AB}=\boldsymbol{I}$$

也即

$$(\boldsymbol{AB})(\boldsymbol{B}^{-1}\boldsymbol{A}^{-1})=(\boldsymbol{B}^{-1}\boldsymbol{A}^{-1})(\boldsymbol{AB})=\boldsymbol{I}$$

故有

$$(\boldsymbol{AB})^{-1}=\boldsymbol{B}^{-1}\boldsymbol{A}^{-1} \tag{1.2.5}$$

又指数定律可以推广到负幂：

$$(\boldsymbol{A}^{n})^{-1}=(\boldsymbol{A}^{-1})^{n} \tag{1.2.6}$$

并非所有的二阶张量都有逆，张量可逆的条件见 1.4 节，无逆的张量叫**奇异张量**。

(5) 张量的转置

张量 $\boldsymbol{A}$ 和两个任意的向量 $\boldsymbol{u}$，$\boldsymbol{v}$ 可构成一个标量的双线性式 $\boldsymbol{u}\cdot\boldsymbol{Av}$，如有另外一个张量 $\boldsymbol{A}^{\mathrm{T}}$，也可和 $\boldsymbol{u}$，$\boldsymbol{v}$ 构成一个双线性式 $\boldsymbol{v}\cdot\boldsymbol{A}^{\mathrm{T}}\boldsymbol{u}$。如果关系

$$\boldsymbol{v}\cdot\boldsymbol{A}^{\mathrm{T}}\boldsymbol{u}=\boldsymbol{u}\cdot\boldsymbol{Av} \tag{1.2.7}$$

成立，$\boldsymbol{A}^{\mathrm{T}}$ 就叫做 $\boldsymbol{A}$ 的**转置**。

以并矢 $(\boldsymbol{ab})$ 为例，由式 (1.2.7)

$$\boldsymbol{v}\cdot(\boldsymbol{ab})^{\mathrm{T}}\boldsymbol{u}=\boldsymbol{u}\cdot(\boldsymbol{ab})\boldsymbol{v}$$

但有并矢的定义 (1.1.16)

$$\boldsymbol{u}\cdot(\boldsymbol{ab})\boldsymbol{v}=\boldsymbol{u}\cdot\boldsymbol{a}(\boldsymbol{b}\cdot\boldsymbol{v})=(\boldsymbol{b}\cdot\boldsymbol{v})(\boldsymbol{u}\cdot\boldsymbol{a})=(\boldsymbol{v}\cdot\boldsymbol{b})(\boldsymbol{a}\cdot\boldsymbol{u})=\boldsymbol{v}\cdot(\boldsymbol{ba})\boldsymbol{u}$$

因此

$$(\boldsymbol{ab})^{\mathrm{T}}=(\boldsymbol{ba}) \tag{1.2.8}$$

故转置的意义在于使并矢中的两个向量前后换位。

如有二张量 $\boldsymbol{A}$，$\boldsymbol{B}$ 的相乘 (点乘) 构成的张量 $\boldsymbol{AB}$，则

$$\boldsymbol{v}\cdot(\boldsymbol{AB})^{\mathrm{T}}\boldsymbol{u}=\boldsymbol{u}\cdot(\boldsymbol{AB})\boldsymbol{v}$$

但

$$\boldsymbol{u}\cdot(\boldsymbol{AB})\boldsymbol{v}=\boldsymbol{u}\cdot\boldsymbol{A}(\boldsymbol{Bv})=(\boldsymbol{Bv})\cdot\boldsymbol{A}^{\mathrm{T}}\boldsymbol{u}$$

$$(\boldsymbol{A}^{\mathrm{T}}\boldsymbol{u})\cdot\boldsymbol{Bv}=\boldsymbol{v}\cdot\boldsymbol{B}^{\mathrm{T}}(\boldsymbol{A}^{\mathrm{T}}\boldsymbol{u})=\boldsymbol{v}\cdot(\boldsymbol{B}^{\mathrm{T}}\boldsymbol{A}^{\mathrm{T}})\boldsymbol{u}$$

于是得出

$$(\boldsymbol{AB})^{\mathrm{T}}=\boldsymbol{B}^{\mathrm{T}}\boldsymbol{A}^{\mathrm{T}} \tag{1.2.9}$$

又可证：

$$(\boldsymbol{A}+\boldsymbol{B})^{\mathrm{T}}=\boldsymbol{A}^{\mathrm{T}}+\boldsymbol{B}^{\mathrm{T}},\quad (\boldsymbol{A}^{\mathrm{T}})^{\mathrm{T}}=\boldsymbol{A},\quad (\boldsymbol{A}^{\mathrm{T}})^{-1}=(\boldsymbol{A}^{-1})^{\mathrm{T}} \tag{1.2.10}$$

为使转置运算规律对张量和向量是一致的，最好把并矢 $\boldsymbol{ab}\equiv\boldsymbol{ab}\cdot$ 记作 $\boldsymbol{ab}^{\mathrm{T}}$，这样式 (1.2.8) 成为

$$(\boldsymbol{ab}^{\mathrm{T}})^{\mathrm{T}}=(\boldsymbol{b}^{\mathrm{T}})^{\mathrm{T}}\boldsymbol{a}^{\mathrm{T}}=\boldsymbol{ba}^{\mathrm{T}} \tag{1.2.11}$$

从这里又可看出 $\boldsymbol{b}^{\mathrm{T}}$ 和 $\boldsymbol{b}\cdot$ 相当。两个向量的点积 $\boldsymbol{b}\cdot\boldsymbol{a}$ 又可记作 $\boldsymbol{b}^{\mathrm{T}}\boldsymbol{a}$。

1.3　张量的表象

在三维空间中任取一组线性无关的 (不共面的，但不一定互相垂直) 三个向量 $\boldsymbol{e}_j\ (j=1,2,3)$ 作为**基**，则向量 $\boldsymbol{u}$ 可表示为三个向量之和 (参看图 1.3.1)：

$$\boldsymbol{u}=u^j\boldsymbol{e}_j \tag{1.3.1}$$

u^j 叫做 $\boldsymbol{u}$ 在基向量 $\boldsymbol{e}_j$ 上的 (斜角) 分量。

另选一组倒易向量 $\boldsymbol{e}^i\ (i=1,2,3)$ 组成**倒易基**

$$\boldsymbol{e}^i=\frac{\boldsymbol{e}_j\times\boldsymbol{e}_k}{V},\quad V=|\boldsymbol{e}_i\times\boldsymbol{e}_j\cdot\boldsymbol{e}_k|=[\boldsymbol{e}_i,\boldsymbol{e}_j,\boldsymbol{e}_k] \tag{1.3.2}$$

这里指标 i，j，k 按 1，2，3 的次序循环选取，则向量 u 也可在倒易基上分解 (参看图 1.3.2)：

$$\boldsymbol{u}=u_j\boldsymbol{e}^j \tag{1.3.3}$$

u_j 叫做 $\boldsymbol{u}$ 在倒易基向量 $\boldsymbol{e}^j$ 上的 (斜角) 分量。

由倒易基的定义 (1.3.2) 可见

$$\boldsymbol{e}^i\cdot\boldsymbol{e}_j=\delta^i_j=\begin{cases}1, & i=j\\ 0, & i\neq j\end{cases} \tag{1.3.4}$$

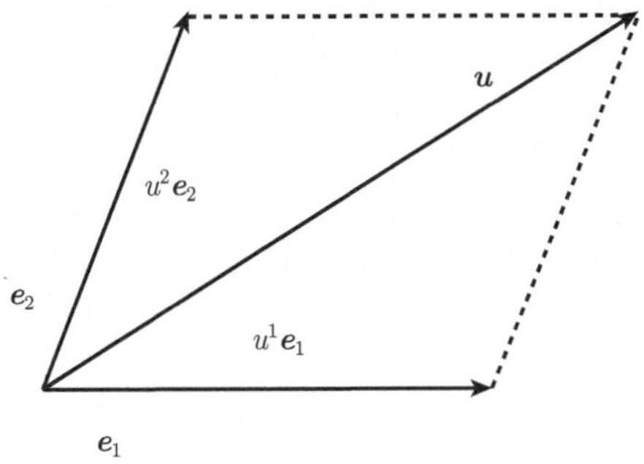

图 1.3.1

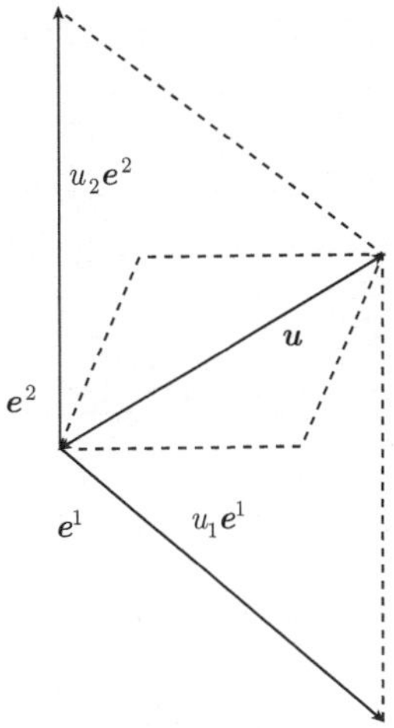

图 1.3.2

于是对式 (1.3.1) 点乘以 $\boldsymbol{e}^i$，或对式 (1.3.3) 点乘 $\boldsymbol{e}_i$，就可分别得到

$$\boldsymbol{u}\cdot\boldsymbol{e}^i = u^j\boldsymbol{e}_j\cdot\boldsymbol{e}^i = u^j\delta_j^i = u^i \tag{1.3.5}$$

$$\boldsymbol{u}\cdot\boldsymbol{e}_i = u_j\boldsymbol{e}^j\cdot\boldsymbol{e}_i = u_j\delta_i^j = u_i \tag{1.3.6}$$

这样就得到向量 $\boldsymbol{u}$ 在两种基上的表象公式:

$$u^i = \boldsymbol{e}^i\cdot\boldsymbol{u} \tag{1.3.7}$$

$$u_i = \boldsymbol{e}_i\cdot\boldsymbol{u} \tag{1.3.8}$$

按照张量分析的术语，u^i 是向量 $\boldsymbol{u}$ 的逆变分量，或 $\boldsymbol{u}$ 的逆变表象；而 u_i 是向量 $\boldsymbol{u}$ 的协变分量，或 $\boldsymbol{u}$ 的协变表象。

张量的表象可以由向量的表象导出。设对一张量 $\boldsymbol{A}$ 有

$$\boldsymbol{v} = \boldsymbol{A}\boldsymbol{u} \tag{1.3.9}$$

两边点乘以 $\boldsymbol{e}^i$，并把 $\boldsymbol{u}$ 按倒易基 $\boldsymbol{e}^j$ 分解，可得

$$v_i = \boldsymbol{e}^i\cdot\boldsymbol{v} = \boldsymbol{e}^i\cdot\boldsymbol{A}u_j\boldsymbol{e}^j = (\boldsymbol{e}^i\cdot\boldsymbol{A}\boldsymbol{e}^j)u_j \tag{1.3.10}$$

括弧中的量是一个具有两个上标的量，可记作 A^{ij}，这样就得出

$$v^i = A^{ij}u_j \tag{1.3.11}$$

式中

$$A^{ij} = \boldsymbol{e}^i\cdot\boldsymbol{A}\boldsymbol{e}^j \tag{1.3.12}$$

是张量 $\boldsymbol{A}$ 的逆变表象。分析一下可能的情况，可知二阶张量一共有四种表象：

$$\begin{aligned} A^{ij} &= \boldsymbol{e}^i \cdot \boldsymbol{A}\boldsymbol{e}^j && \text{逆变表象} \\ A_{ij} &= \boldsymbol{e}_i \cdot \boldsymbol{A}\boldsymbol{e}_j && \text{协变表象} \\ A^i_{\ j} &= \boldsymbol{e}^i \cdot \boldsymbol{A}\boldsymbol{e}_j && \text{混合表象} \\ A_i^{\ j} &= \boldsymbol{e}_i \cdot \boldsymbol{A}\boldsymbol{e}^j && \text{混合表象} \end{aligned} \tag{1.3.13}$$

利用张量的几种表象，可以把二阶张量写成并矢的形式。因

$$\boldsymbol{v} = v^i \boldsymbol{e}_i = A^{ij} u_j \boldsymbol{e}_i = A^{ij} \boldsymbol{e}_i \boldsymbol{e}_j \cdot \boldsymbol{u} = (A^{ij} \boldsymbol{e}_i \boldsymbol{e}_j)\boldsymbol{u}$$

和式 (1.3.9) 对比，可知括弧中的量正是 $\boldsymbol{A}$，同理可得

$$\boldsymbol{A} = A^{ij} \boldsymbol{e}_i \boldsymbol{e}_j = A_{ij} \boldsymbol{e}^i \boldsymbol{e}^j = A^i_{\cdot j} \boldsymbol{e}_i \boldsymbol{e}^j = A_i^{\cdot j} \boldsymbol{e}^i \boldsymbol{e}_j \tag{1.3.14}$$

由此类推，可定义高阶张量，如四阶张量为

$$\boldsymbol{N} = N^{ijk}_l \boldsymbol{e}_i \boldsymbol{e}_j \boldsymbol{e}_k \boldsymbol{e}^l \tag{1.3.15}$$

如果我们选择的基是由三个互相垂直的单位向量构成的正交基，那么基和倒易基重合，也就没有逆变和协变之分了。本书在大部分章节中都用正交基也就是直角坐标作为建立公式的依据，指标一律采用下标。在正交单位向量基 $\boldsymbol{e}_i$ 中，向量 $\boldsymbol{u}$ 和张量 $\boldsymbol{A}$ 的表象分别为

$$u_i = \boldsymbol{e}_i \cdot \boldsymbol{u}, \quad A_{ij} = \boldsymbol{e}_i \cdot \boldsymbol{A}\boldsymbol{e}_j \quad (i, j = 1, 2, 3) \tag{1.3.16}$$

数组 u_i 和 A_{ij} 分别为 3×1 和 3×3 矩阵：

$$[u_i] = \begin{bmatrix} u_1 \\ u_2 \\ u_3 \end{bmatrix}, \quad [A_{ij}] = \begin{bmatrix} A_{11} & A_{12} & A_{13} \\ A_{21} & A_{22} & A_{23} \\ A_{31} & A_{32} & A_{33} \end{bmatrix} \tag{1.3.17}$$

按照关系 (1.3.9) 的表象为

$$v_i = A_{ij} u_j \tag{1.3.18}$$

或者写成矩阵的形式：

$$\begin{bmatrix} v_1 \\ v_2 \\ v_3 \end{bmatrix} = \begin{bmatrix} A_{11} & A_{12} & A_{13} \\ A_{21} & A_{22} & A_{23} \\ A_{31} & A_{32} & A_{33} \end{bmatrix} \begin{bmatrix} u_1 \\ u_2 \\ u_3 \end{bmatrix} \tag{1.3.19}$$

恒等映照 (变换)$\boldsymbol{I}$ 也叫单位张量，恒等映照关系的表象为

$$u_i = I_{ij} u_j \tag{1.3.20}$$

易知

$$I_{ij} = \delta_{ij} \tag{1.3.21}$$

$$[\delta_{ij}] = \begin{bmatrix} 1 & 0 & 0 \\ 0 & 1 & 0 \\ 0 & 0 & 1 \end{bmatrix} \tag{1.3.22}$$

1.4 张量运算的表象

(1) 张量之和的表象

设 $\boldsymbol{A}+\boldsymbol{B}=\boldsymbol{C}$，则

$$\boldsymbol{e}_i \cdot \boldsymbol{C}\boldsymbol{e}_j = \boldsymbol{e}_i \cdot (\boldsymbol{A}+\boldsymbol{B})\boldsymbol{e}_j = \boldsymbol{e}_i \cdot \boldsymbol{A}\boldsymbol{e}_j + \boldsymbol{e}_i \cdot \boldsymbol{B}\boldsymbol{e}_j$$

所以

$$C_{ij} = A_{ij} + B_{ij} \tag{1.4.1}$$

(2) 张量之积的表象

设 $\boldsymbol{AB}=\boldsymbol{C}$，则令

$$\boldsymbol{v} = \boldsymbol{B} \cdot \boldsymbol{u}, \quad \boldsymbol{w} = \boldsymbol{A} \cdot \boldsymbol{v} = \boldsymbol{ABu} = \boldsymbol{Cu}$$

于是由式 (1.3.18) 得

$$v_j = B_{jk} u_k, \quad w_j = A_{ij} v_k = A_{ij} B_{jk} u_k = C_{ik} u_k$$

因为 $\boldsymbol{u}$ 是任意的向量，故有

$$C_{ik} = A_{ij} B_{jk} \tag{1.4.2}$$

这就是矩阵乘法的著名规则：

$$\begin{aligned}[C_{ik}] &= \begin{bmatrix} A_{11} & A_{12} & A_{13} \\ A_{21} & A_{22} & A_{23} \\ A_{31} & A_{32} & A_{33} \end{bmatrix} \begin{bmatrix} B_{11} & B_{12} & B_{13} \\ B_{21} & B_{22} & B_{23} \\ B_{31} & B_{32} & B_{33} \end{bmatrix} \\ &= \begin{bmatrix} A_{11}B_{11} + A_{12}B_{21} + A_{13}B_{31} & \cdots & \cdots \\ A_{21}B_{11} + A_{22}B_{21} + A_{23}B_{31} & \cdots & \cdots \\ \cdots & A_{31}B_{12} + A_{32}B_{22} + A_{33}B_{32} & \cdots \end{bmatrix} \end{aligned} \tag{1.4.3}$$

(3) 张量之迹的表象

并矢的迹定义为

$$\mathrm{tr}(\boldsymbol{ab}) = \boldsymbol{a} \cdot \boldsymbol{b} = \boldsymbol{e}_i a_i \cdot \boldsymbol{e}_j b_j = a_i b_j \delta_{ij} = a_i b_i$$

于是一般的二阶张量的迹便是

$$\mathrm{tr}(\boldsymbol{A}) = \mathrm{tr} \cdot (A_{ij} \boldsymbol{e}_i \boldsymbol{e}_j) = A_{ij} \boldsymbol{e}_i \cdot \boldsymbol{e}_j = A_{ii} \tag{1.4.4}$$

故张量之迹是它的表象矩阵的对角线项之和。又

$$\mathrm{tr}(\boldsymbol{I}) = \delta_{ii} = 3 \tag{1.4.5}$$

$$\mathrm{tr}(\boldsymbol{A} + \boldsymbol{B}) = \mathrm{tr}\boldsymbol{A} + \mathrm{tr}\boldsymbol{B} = A_{ii} + B_{ii} \tag{1.4.6}$$

$$\mathrm{tr}(\boldsymbol{AB}) = A_{ij} B_{ji} = B_{ji} A_{ij} = \mathrm{tr}(\boldsymbol{BA}) \tag{1.4.7}$$

(4) 张量的行列式

$$\det(\boldsymbol{A}) = \begin{bmatrix} A_{11} & A_{12} & A_{13} \\ A_{21} & A_{22} & A_{23} \\ A_{31} & A_{32} & A_{33} \end{bmatrix} = \frac{1}{3!} \varepsilon_{ijk} \varepsilon_{rst} A_{ir} A_{js} A_{kt} \tag{1.4.8}$$

其中，ε_{ijk} 是一个三阶张量，它的 27 各分量中只有 6 个分量有值：

$$\varepsilon_{123} = \varepsilon_{231} = \varepsilon_{312} = 1$$

$$\varepsilon_{213} = \varepsilon_{321} = \varepsilon_{132} = -1$$

其他 21 个分量的下标都重复出现，其值为零。又有

$$\det(\boldsymbol{I}) = 1 \tag{1.4.9}$$

$$\det(k\boldsymbol{A}) = k^3 \det(\boldsymbol{A}) \tag{1.4.10}$$

$$\det(\boldsymbol{AB}) = \det(\boldsymbol{A}) \det(\boldsymbol{B}) = \det(\boldsymbol{BA}) \tag{1.4.11}$$

(5) 张量的转置的表象

张量 $\boldsymbol{A}$ 和它的转置 $\boldsymbol{A}^{\mathrm{T}}$ 都可写成并矢形式：

$$\boldsymbol{A} = A_{ij} \boldsymbol{e}_i \boldsymbol{e}_j, \quad \boldsymbol{A}^{\mathrm{T}} = A_{ij}^{\mathrm{T}} \boldsymbol{e}_i \boldsymbol{e}_j \tag{1.4.12}$$

但由并矢的转置运算式 (1.2.8)，可知对第一式有

$$\boldsymbol{A}^{\mathrm{T}} = A_{ij}(\boldsymbol{e}_i\boldsymbol{e}_j)^{\mathrm{T}} = A_{ij}\boldsymbol{e}_j\boldsymbol{e}_i$$

式中，重复的指标 i 和 j 若互相对换并不影响结果，故得

$$\boldsymbol{A}^{\mathrm{T}} = A_{ji}\boldsymbol{e}_i\boldsymbol{e}_j$$

和式 (1.4.12) 的第二式对比可知

$$A_{ij}^{\mathrm{T}} = A_{ji} \tag{1.4.13}$$

可见在张量的矩阵运算中只要将元素的行列互换就得到转置张量的表象。

(6) 张量之逆的表象

设有张量 $\boldsymbol{A}$ 使向量 $\boldsymbol{u}$ 变换成 $\boldsymbol{v}$：

$$\boldsymbol{v} = \boldsymbol{A}\boldsymbol{u}, \qquad v_i = A_{ij}u_j \tag{1.4.14}$$

此式可看成 u_j 的代数方程组，其解为

$$\boldsymbol{u} = \boldsymbol{A}^{-1}\boldsymbol{v}, \quad u_i = A_{ij}^{-1}u_j \tag{1.4.15}$$

式中，$\boldsymbol{A}^{-1}$ 是 $\boldsymbol{A}$ 的逆：

$$\boldsymbol{A}\boldsymbol{A}^{-1} = \boldsymbol{I}, \quad A_{ij}A_{jk}^{-1} = \delta_{ik} \tag{1.4.16}$$

在 $\boldsymbol{A}$ 的行列式 $\det(\boldsymbol{A})$ 中的每个元素都有相应的余子式，例如，$\mathscr{A}_{21}$ 的代数余子式为

$$\mathscr{A}_{21} = (-1)^{2+1}\begin{vmatrix} A_{12} & A_{13} \\ A_{32} & A_{33} \end{vmatrix}$$

这 9 个余子式也构成一个张量 $\mathscr{A}$，由此行列式的性质可知

$$A_{ij}\mathscr{A}_{kj} = \begin{cases} \det\boldsymbol{A} & (i = k) \\ 0 & (i \neq k) \end{cases} \tag{1.4.17}$$

如果引进 $\mathscr{A}$ 的转置 $\mathscr{A}^{\mathrm{T}}$，式 (1.4.17) 可改写为

$$\boldsymbol{A}\mathscr{A}^{\mathrm{T}} = (\det\boldsymbol{A})\boldsymbol{I}, \quad A_{ij}\mathscr{A}_{kj}^{\mathrm{T}} = (\det\boldsymbol{A})\delta_{ij} \tag{1.4.18}$$

和式 (1.4.16) 对比，可知

$$\boldsymbol{A}^{-1} = \frac{\mathscr{A}^{\mathrm{T}}}{\det\boldsymbol{A}}, \quad A_{jk}^{-1} = \frac{\mathscr{A}_{kj}^{\mathrm{T}}}{\det\boldsymbol{A}} \tag{1.4.19}$$

由此式可知，一个张量的可逆的条件是其行列式不等于零：$\det(\boldsymbol{A}) \neq 0$。

1.5　张量的和分解

一个任意张量 $\boldsymbol{T}$ 的矩阵的表象中，主对角线两侧处于对称位置的两个元素一般是不相等的。非对称张量可以进行**和分解**。它可唯一地分解成为一个对称张量 $\boldsymbol{S}$ 和一个反对称张量 $\boldsymbol{A}$ 之和，此二者的定义是

$$\text{对称张量}\qquad \boldsymbol{S}=\boldsymbol{S}^{\mathrm{T}},\quad S_{ij}=S_{ji} \tag{1.5.1}$$

$$\text{反对称张量}\qquad \boldsymbol{A}=-\boldsymbol{A}^{\mathrm{T}},\quad A_{ij}=-A_{ji} \tag{1.5.2}$$

张量的和分解是指

$$\boldsymbol{T}=\boldsymbol{S}+\boldsymbol{A} \tag{1.5.3}$$

式中

$$\boldsymbol{S}=\frac{1}{2}(\boldsymbol{T}+\boldsymbol{T}^{\mathrm{T}}),\quad \boldsymbol{A}=\frac{1}{2}(\boldsymbol{T}-\boldsymbol{T}^{\mathrm{T}}) \tag{1.5.4}$$

容易证明这样的和分解是唯一的。

任意一个对称张量 $\boldsymbol{S}$ 又可以分解成为两个可加项，一个是各向同性张量 $\boldsymbol{P}$ 或叫球形张量，另一个是偏量 $\boldsymbol{S}'$：

$$\boldsymbol{P}=\left(\frac{1}{3}\mathrm{tr}\boldsymbol{S}\right)\boldsymbol{I},\quad P_{ij}=\frac{1}{3}S_{kk}\delta_{ij} \tag{1.5.5}$$

$$\boldsymbol{S}'=\boldsymbol{S}-\left(\frac{1}{3}\mathrm{tr}\boldsymbol{S}\right)\boldsymbol{I},\quad S'_{ij}=S_{ij}-\frac{1}{3}S_{kk}\delta_{ij} \tag{1.5.6}$$

而有

$$\boldsymbol{S}=\boldsymbol{P}+\boldsymbol{S}' \tag{1.5.7}$$

可以注意

$$\mathrm{tr}\boldsymbol{S}'=\mathrm{tr}\boldsymbol{S}-\frac{1}{3}\mathrm{tr}\boldsymbol{S}\,\mathrm{tr}\boldsymbol{I}=0 \tag{1.5.8}$$

任意一个反对称张量 A 都只有三个独立分量

$$[A_{ik}]=\begin{bmatrix} 0 & \frac{1}{2}(T_{12}-T_{21}) & \frac{1}{2}(T_{13}-T_{31}) \\ \frac{1}{2}(T_{21}-T_{12}) & 0 & \frac{1}{2}(T_{23}-T_{32}) \\ \frac{1}{2}(T_{31}-T_{13}) & \frac{1}{2}(T_{32}-T_{23}) & 0 \end{bmatrix}=\begin{bmatrix} 0 & -\omega_3 & \omega_2 \\ \omega_3 & 0 & -\omega_1 \\ -\omega_2 & \omega_1 & 0 \end{bmatrix} \tag{1.5.9}$$

我们将发现当 $\boldsymbol{A}$ 作用于任意向量 $\boldsymbol{u}$ 时将和一个轴向量 $\boldsymbol{\omega}$ 叉乘 $\boldsymbol{u}$ 的结果一样。

$$\boldsymbol{Au}=\boldsymbol{\omega}\times\boldsymbol{u},\quad A_{ir}u_r=(\boldsymbol{\omega}\times\boldsymbol{u})_i=\omega_j u_k-\omega_k u_j \tag{1.5.10}$$

式中，$i\neq j\neq k$，为此我们得到 $\boldsymbol{A}=\boldsymbol{\omega}\times$，考察 $\boldsymbol{A}$ 和考察 $\boldsymbol{\omega}$ 是等价的。

1.6 正 交 张 量

如果对一张量 $\boldsymbol{Q}$，有关系

$$\boldsymbol{Q}\boldsymbol{Q}^{\mathrm{T}} = \boldsymbol{Q}^{\mathrm{T}}\boldsymbol{Q} = \boldsymbol{I} \tag{1.6.1}$$

也即

$$\boldsymbol{Q}^{\mathrm{T}} = \boldsymbol{Q}^{-1} \tag{1.6.2}$$

则 $\boldsymbol{Q}$ 为正交张量。

在任意表象中，式 (1.6.1) 可写作

$$Q_{ij}Q_{jk}^{\mathrm{T}} = Q_{ij}^{\mathrm{T}}Q_{jk} = \delta_{ik} \tag{1.6.3}$$

或者利用张量转置的性质写成

$$Q_{ij}Q_{kj} = Q_{ji}Q_{jk} = \delta_{ik} \tag{1.6.4}$$

式中，Q_{ji}，Q_{jk} 是对重复下标 j 取和的，因此可以看成是两个向量的点乘积 $\boldsymbol{C}_i \cdot \boldsymbol{C}_k$，实际上正是矩阵 $\boldsymbol{Q}$ 列向量的点乘积。同理 Q_{ij}，Q_{kj} 是 $\boldsymbol{Q}$ 的两个行向量的点乘积 $\boldsymbol{r}_i^{\mathrm{T}} \cdot \boldsymbol{r}_k^{\mathrm{T}}$，因而有

$$\boldsymbol{C}_i \cdot \boldsymbol{C}_k = \boldsymbol{r}_i^{\mathrm{T}} \cdot \boldsymbol{r}_k^{\mathrm{T}} = \delta_{ik} \tag{1.6.5}$$

所以正交矩阵 $\boldsymbol{Q}$ 可以写成两种简化形式：

$$\boldsymbol{Q} = \left[\begin{array}{c:c:c} Q_{11} & Q_{12} & Q_{13} \\ Q_{21} & Q_{22} & Q_{23} \\ Q_{31} & Q_{32} & Q_{33} \end{array}\right] = \left[\begin{array}{ccc} \boldsymbol{C}_1 & \boldsymbol{C}_2 & \boldsymbol{C}_3 \end{array}\right] \tag{1.6.6}$$

$$\boldsymbol{Q} = \left[\begin{array}{ccc} Q_{11} & Q_{12} & Q_{13} \\ \hdashline Q_{21} & Q_{22} & Q_{23} \\ \hdashline Q_{31} & Q_{32} & Q_{33} \end{array}\right] = \left[\begin{array}{c} \boldsymbol{r}_1^{\mathrm{T}} \\ \boldsymbol{r}_2^{\mathrm{T}} \\ \boldsymbol{r}_3^{\mathrm{T}} \end{array}\right] \tag{1.6.7}$$

实际上这种简化写法正是矩阵分块的两种形式。行列式也可分块，和式 (1.6.6) 相似的行列式分块已在式 (1.3.2) 中用过一次了。

关系式 (1.6.5) 说明正交矩阵的三个列向量 (或三个行向量) 都是单位向量而且互相垂直。正交张量或正交矩阵的 “正交” 之名由此而来。

正交张量作为算子作用到任一向量时，变换前后的向量长度不变。设 $\boldsymbol{v} = \boldsymbol{Q}\boldsymbol{u}$，则

$$\boldsymbol{v} \cdot \boldsymbol{v} = \boldsymbol{v}^{\mathrm{T}}\boldsymbol{v} = (\boldsymbol{Q}\boldsymbol{u})^{\mathrm{T}}(\boldsymbol{Q}\boldsymbol{u}) = \boldsymbol{u}^{\mathrm{T}}\boldsymbol{Q}^{\mathrm{T}}\boldsymbol{Q}\boldsymbol{u} = \boldsymbol{u}^{\mathrm{T}}\boldsymbol{I}\boldsymbol{u} = \boldsymbol{u}^{\mathrm{T}}\boldsymbol{u} = \boldsymbol{u} \cdot \boldsymbol{u} \tag{1.6.8}$$

又将 $\boldsymbol{Q}$ 作用到两个向量 $\boldsymbol{u}_1$，$\boldsymbol{u}_2$ 时，变换前后两向量的夹角保持不变，因

$$\boldsymbol{v}_1 \cdot \boldsymbol{v}_2 = \boldsymbol{Q}\boldsymbol{u}_1 \cdot \boldsymbol{Q}\boldsymbol{u}_2 = \boldsymbol{u}_1 \cdot \boldsymbol{u}_2 \tag{1.6.9}$$

对式 (1.6.1) 两边的张量求行列式，并利用式 (1.4.11)，有

$$(\det \boldsymbol{Q})(\det \boldsymbol{Q}^{\mathrm{T}}) = \det \boldsymbol{I} \tag{1.6.10}$$

但由行列式求和规则，行列式互换时行列式之和不变，$(\det \boldsymbol{Q}) = (\det \boldsymbol{Q}^{\mathrm{T}})$，于是

$$(\det \boldsymbol{Q})^2 = 1, \quad \det \boldsymbol{Q} = \pm 1 \tag{1.6.11}$$

在行列式取 $+1$ 时，Q 为正常正交变换，取 -1 时为非正常正交变换。

以上正交变换作用于正交基的三个基向量 $\boldsymbol{e}_i\,(i=1，2，3)$ 时，可得另外三个单位向量 $\boldsymbol{e}'_i\,(i=1，2，3)$，而且三个向量之间保持互相正交，因而构成另一组正交基。因由

$$\boldsymbol{e}'_i = \boldsymbol{Q}\boldsymbol{e}_i \tag{1.6.12}$$

两边点乘 $\boldsymbol{e}'_k$，

$$\boldsymbol{e}'_k \cdot \boldsymbol{e}'_i = \boldsymbol{e}'^{\mathrm{T}}_k \cdot \boldsymbol{e}'_i = (\boldsymbol{Q}\boldsymbol{e}_k)^{\mathrm{T}}\boldsymbol{Q}\boldsymbol{e}_i = \boldsymbol{e}_k^{\mathrm{T}}\boldsymbol{Q}^{\mathrm{T}}\boldsymbol{Q}\boldsymbol{e}_i = \boldsymbol{e}_k \cdot \boldsymbol{e}_i = \delta_{ki} \tag{1.6.13}$$

这正是新正交基 $\boldsymbol{e}'_i$ 的正交归一条件。如对式 (1.6.12) 两边点乘以 $\boldsymbol{e}_k$，便有

$$\boldsymbol{e}_k \cdot \boldsymbol{e}'_i = \boldsymbol{e}_k \cdot \boldsymbol{Q}\boldsymbol{e}_i = \boldsymbol{Q}_{ki} \tag{1.6.14}$$

所以正交张量的表象 Q_{ki} 即两个直角坐标之间的坐标变换的系数矩阵，也就是方向余弦矩阵。分量 Q_{ki} 就是单位向量 $\boldsymbol{e}_k$ 在 $\boldsymbol{e}'_i$ 轴上的分量，或单位向量 $\boldsymbol{e}'_i$ 在 $\boldsymbol{e}_k$ 轴上的分量：

$$\boldsymbol{e}_k = \boldsymbol{Q}_{ki} \cdot \boldsymbol{e}'_i, \quad \boldsymbol{e}'_i = \boldsymbol{Q}_{ki} \cdot \boldsymbol{e}_k \tag{1.6.15}$$

假定老的正交基 e_i 是右手系，有

$$\left| \boldsymbol{e}_i, \quad \boldsymbol{e}_j, \quad \boldsymbol{e}_k \right| = \boldsymbol{e}_i \cdot \boldsymbol{e}_j \times \boldsymbol{e}_k = +1 \tag{1.6.16}$$

式中，$i \neq j \neq k$，但可按 1，2，3 的次序轮换取定。经变换后的新正交基 $\boldsymbol{e}'_i$ 是否为右手系由三重积 $\left| \boldsymbol{e}'_i, \quad \boldsymbol{e}'_j, \quad \boldsymbol{e}'_k \right|$ 之值而定。由式 (1.6.15) 中第二式，

$$\begin{aligned} \left| \boldsymbol{e}'_i, \quad \boldsymbol{e}_j, \quad \boldsymbol{e}_k \right| &= \left| Q_{ri}\boldsymbol{e}_r, \quad Q_{sj}\boldsymbol{e}_s, \quad Q_{tk}\boldsymbol{e}_t \right| \\ &= \left| \boldsymbol{e}_1, \quad \boldsymbol{e}_2, \quad \boldsymbol{e}_3 \right| \begin{bmatrix} Q_{1i} & Q_{1j} & Q_{1k} \\ Q_{2i} & Q_{2j} & Q_{2k} \\ Q_{3i} & Q_{3j} & Q_{3k} \end{bmatrix} = \det \boldsymbol{Q} = \pm 1 \end{aligned} \tag{1.6.17}$$

因而当 $\boldsymbol{Q}$ 为正常正交变换时，$\boldsymbol{e}_i'$ 为右手系，这时的 $\boldsymbol{Q}$ 实际是转动变换 $\boldsymbol{R}$，使坐标系旋转一个角度。当 $\boldsymbol{Q}$ 为非正常正交变换时，$\boldsymbol{e}_i'$ 为左手系，这时的 $\boldsymbol{Q}$ 实际是转动变换 $\boldsymbol{R}$ 随一个对转轴垂直平面的镜面反映变换。

1.7 表象的变换

当正交基从老系 $\boldsymbol{e}_i$ 变换的新系 $\boldsymbol{e}_i'$ 时，向量和张量的表象也将随着发生变化。一个向量 $\boldsymbol{t}$ 在两组正交基中的表象为 t_i 和 t_i'，即

$$\boldsymbol{t} = t_i\boldsymbol{e}_i = t_j'\boldsymbol{e}_j' \tag{1.7.1}$$

则由式 (1.6.15) 知

$$t_i' = \boldsymbol{e}_i' \cdot \boldsymbol{t} = Q_{ki}\boldsymbol{e}_k \cdot \boldsymbol{t} = Q_{ki}t_k \tag{1.7.2}$$

由 $Q_{ki} = Q_{ik}^{\mathrm{T}}$，最后有

$$t_i' = Q_{ik}^{\mathrm{T}}t_k \tag{1.7.3}$$

这就是新老表象之间的关系，如果把上面的过程改变一下看法，即把向量 $\boldsymbol{t}$ 不动，坐标轴 $\boldsymbol{e}_i$ 旋转至 $\boldsymbol{e}_i'$，因而出现向量的表象从 t_i 变到 t_i' 的过程，即看成是坐标轴 $\boldsymbol{e}_i$ 不动，而正交张量把向量 $\boldsymbol{t}$ 旋转到新的位置 $\boldsymbol{t}'$ 的过程，这样的正交变换应是使坐标轴旋转的正交变换的反过程 $\boldsymbol{Q}^{-1}$，因而有

$$\boldsymbol{t}' = \boldsymbol{Q}^{-1}\boldsymbol{t} = \boldsymbol{Q}^{\mathrm{T}}\boldsymbol{t} \tag{1.7.4}$$

这正好是分量关系式 (1.7.3) 的直接形式，所以两种看法说明同一内容。

张量 $\boldsymbol{T}$ 在不同的正交基中有不同的表象 T_{ij} 和 T_{ij}'，其中

$$T_{ij}' = \boldsymbol{e}_i' \cdot \boldsymbol{T}\boldsymbol{e}_j' = Q_{ki}\boldsymbol{e}_k \cdot \boldsymbol{T}\boldsymbol{e}_l Q_{lj} \tag{1.7.5}$$

最后得出

$$\boldsymbol{T}_{ij}' = \boldsymbol{Q}_{ik}^{\mathrm{T}}\boldsymbol{T}_{kl}\boldsymbol{Q}_{lj} \tag{1.7.6}$$

如果把坐标的旋转看成使向量 $\boldsymbol{t}$ 作反旋转 $\boldsymbol{Q}^{-1} = \boldsymbol{Q}^{\mathrm{T}}$，可得旋转后的张量 $\boldsymbol{T}'$ 为

$$\boldsymbol{T}' = \boldsymbol{Q}^{\mathrm{T}}\boldsymbol{T}\boldsymbol{Q} \tag{1.7.7}$$

式 (1.7.6) 和式 (1.7.7) 也是用不同的观点描述同一事实。

在正交变换之下，任意向量的长度和任意两向量的夹角也即任意两向量的点乘积保持不变，这一点已在式 (1.6.8) 和式 (1.6.9) 中提到，也可以说，向量的点乘积在坐标变换中是不变量。

同样可以证明，凡是由张量形成的标量，如迹和行列式，在正交变换之下是不变量，如

$$\mathrm{tr}\boldsymbol{A}' = A'_{ii} = Q^{\mathrm{T}}_{ik}A_{kl}Q_{li} = (Q_{li}Q^{\mathrm{T}}_{ik})A_{kl} = \delta_{lk}A_{kl} = A_{kk} = \mathrm{tr}\boldsymbol{A} \tag{1.7.8}$$

$$\det \boldsymbol{A}' = \det(\boldsymbol{Q}^{\mathrm{T}}\boldsymbol{T}\boldsymbol{Q}) = \det \boldsymbol{Q}^{\mathrm{T}} \det \boldsymbol{A} \det \boldsymbol{Q} = \det \boldsymbol{A} \tag{1.7.9}$$

1.8　特征值问题

经张量 $\boldsymbol{T}$ 作用后仍保持原来方向的单位向量 $\boldsymbol{r}$ 叫做 $\boldsymbol{T}$ 的特征向量：

$$\boldsymbol{T}\boldsymbol{r} = \lambda\boldsymbol{r} \tag{1.8.1}$$

其中，λ 为待定的比例因子。移项改写为

$$(\boldsymbol{T} - \lambda\boldsymbol{I})\boldsymbol{r} = 0 \tag{1.8.2}$$

此式可以看成 r_i 的齐次线性方程组，其非凡解条件为

$$\det(\boldsymbol{T} - \lambda\boldsymbol{I}) = 0 \tag{1.8.3}$$

经展开行列式得到特征方程：

$$\Delta(\lambda) = -\lambda^3 + \mathrm{I}\,\lambda^2 - \mathrm{II}\,\lambda + \mathrm{III} = 0 \tag{1.8.4}$$

式中

$$\begin{aligned} \mathrm{I} &= \mathrm{tr}\boldsymbol{T} \\ \mathrm{II} &= \frac{1}{2}(\mathrm{tr}^2\boldsymbol{T} - \mathrm{tr}\boldsymbol{T}^2) \\ \mathrm{III} &= \det \boldsymbol{T} \end{aligned} \tag{1.8.5}$$

从 1.7 节结果知道，这些由迹和行列式构成的量对于任何正交变换或坐标变换都是不变量，它们被叫做张量 $\boldsymbol{T}$ 的第一、第二、第三主不变量，$\boldsymbol{T}$ 的所有其他形式的不变量都可以从这三个主不变量导出。

特征方程 (1.8.4) 是实系数的三次方程式，有三个根 λ_1，λ_2，λ_3；其中必有一个是实根，其他两个或者是实根或是共轭复根。这些实根叫做张量 $\boldsymbol{T}$ 的特征值。和特征值相应的单位向量 $\boldsymbol{r}$ 叫做右特征向量。

对于非对称张量，可以有相应的左特征向量 $\boldsymbol{l}$，满足

$$\boldsymbol{l}^{\mathrm{T}}\boldsymbol{T} = \lambda^*\boldsymbol{l} \tag{1.8.6}$$

故有

$$l^{\mathrm{T}}(\boldsymbol{T}-\lambda^{*}\boldsymbol{I})=0 \tag{1.8.7}$$

$\boldsymbol{l}$ 的非凡解条件为

$$\Delta(\lambda^{*})=\det(\boldsymbol{T}-\lambda^{*}\boldsymbol{I})=0 \tag{1.8.8}$$

可见必有 $\lambda^{*}=\lambda$，但是 $\boldsymbol{l}$ 一般地不等于 $\boldsymbol{r}$。

当 $\boldsymbol{T}$ 为对称张量时，$\boldsymbol{l}=\boldsymbol{r}$，此时可证 λ_1，λ_2，λ_3 都是实数 (叫做 $\boldsymbol{T}$ 的主值)，而且对应的三个特征向量 $\boldsymbol{r}_1$，$\boldsymbol{r}_2$，$\boldsymbol{r}_3$ 互相正交 (叫做 $\boldsymbol{T}$ 的主向)。在特征方程 (1.8.4) 中，令

$$\lambda=\lambda'+\frac{1}{3}\,\mathrm{I} \tag{1.8.9}$$

可得

$$-\lambda'3-\,\mathrm{II}'\lambda'+\mathrm{III}'=0 \tag{1.8.10}$$

式中

$$\mathrm{II}'=\mathrm{II}-\frac{1}{3}\,\mathrm{I}^{\,2}=-\frac{1}{2}\mathrm{tr}\left(\boldsymbol{T}-\frac{1}{3}\,\mathrm{I}\,\boldsymbol{I}\right)^{2}\ \mathrm{II}'=\mathrm{II}-\frac{1}{3}\,\mathrm{I}^{\,2}=-\frac{1}{2}\mathrm{tr}\left(\boldsymbol{T}-\frac{1}{3}\,\mathrm{I}\,\boldsymbol{I}\right)^{2}$$

$$\mathrm{III}'=\mathrm{III}-\frac{1}{3}\,\mathrm{II}\cdot\mathrm{I}+\frac{2}{27}\,\mathrm{I}^{\,3}=\det\left(\boldsymbol{T}-\frac{1}{3}\,\mathrm{I}\,\boldsymbol{I}\right) \tag{1.8.11}$$

这正是偏量 $\boldsymbol{T}'=\boldsymbol{T}-\dfrac{1}{3}\,\mathrm{I}\,\boldsymbol{I}$ 的两个主不变量。方程 (1.8.10) 可用 Cardano 公式直接写出三个实根。鉴于

$$\mathrm{II}'=-\frac{1}{6}\left[(T_{11}-T_{22})^2+(T_{22}-T_{33})^2+(T_{33}-T_{11})^2+6(T_{12}^2+T_{23}^2+T_{31}^2)\right]<0 \tag{1.8.12}$$

可令

$$\varLambda=\frac{2\sqrt{-3\,\mathrm{II}'}}{3},\quad \varphi=\frac{1}{3}\arcsin\left(\frac{-3\sqrt{3}\mathrm{III}'}{2\sqrt{-\,\mathrm{II}'^{3}}}\right) \tag{1.8.13}$$

于是

$$\begin{cases}\lambda_1'=\varLambda\sin\left(\varphi+\dfrac{2\pi}{3}\right)\\ \lambda_2'=\varLambda\sin\varphi\\ \lambda_3'=\varLambda\sin\left(\varphi+\dfrac{4\pi}{3}\right)\end{cases}\quad\left(-\frac{\pi}{6}\leqslant\varphi\leqslant\frac{\pi}{6}\right) \tag{1.8.14}$$

在 φ 的取值范围内，$\lambda_1'\geqslant 0$，$\lambda_3'\leqslant 0$，当$\mathrm{III}'\leqslant 0$ 时，$\lambda_2'\geqslant 0$；而当$\mathrm{III}'\geqslant 0$ 时，$\lambda_2'\leqslant 0$。但不论在何种情况下，都有

$$\lambda_1'\geqslant\lambda_2'\geqslant\lambda_3' \tag{1.8.15}$$

参数

$$\mu = \sqrt{3}\tan\varphi = \frac{(\lambda_2' - \lambda_1')(\lambda_2' - \lambda_3')}{\lambda_1' - \lambda_3'} \tag{1.8.16}$$

叫做 Lode 参数，可以描述中间主值 λ_2' 在最大主值 λ_1' 和最小主值 λ_3' 之间的相对位置。如果两个共主轴的偏量 φ 相等，便认为两个偏量相似，它们的不同就在偏量的尺度因子 $\varLambda$ 上。注意，$\sqrt{-3\,\mathrm{II}'} \equiv \bar{T}$ 在塑性力学文献中叫做张量强度或等效张量，$\varLambda = \dfrac{2}{3}\bar{T}$。

特征方程的三个实根的配置情况有三类：

(1) 当 $\varLambda = 0$ 时，$\lambda_1' = \lambda_2' = \lambda_3' = 0$，此时三个主值相等：

$$\lambda_1 = \lambda_2 = \lambda_3 = \frac{1}{3}\,\mathrm{I}$$

这时，$\mathrm{II}' = \mathrm{III}' = 0$，$\mathrm{II} = \dfrac{1}{3}\,\mathrm{I}^2$，$\mathrm{III} = \dfrac{1}{27}\,\mathrm{I}^3$，所讨论的是一个球形张量。

(2) 当 $\varphi = \dfrac{\pi}{6}$ 时，$\lambda_1' = \lambda_2' = \dfrac{1}{2}\varLambda$，$\lambda_3' = -\varLambda$；当 $\varphi = -\dfrac{\pi}{6}$ 时，$\lambda_1' = -\varLambda$，$\lambda_2' = \lambda_3' = -\dfrac{1}{2}\varLambda$。在这两种情况，特征方程有一对重根，所讨论的是旋转椭球张量。

(3) $\lambda_1' \neq \lambda_2' \neq \lambda_3'$ 对应于椭球张量。

在最后一类情况中，对应于每个主值 $\lambda_\varDelta(\varDelta = 1, 2, 3)$ 都有一个相应的主值方向 $\boldsymbol{r}_\varDelta(\varDelta = 1, 2, 3)$

$$\boldsymbol{T}\boldsymbol{r}_\varDelta = \lambda_{\underline{\varDelta}}\boldsymbol{r}_{\underline{\varDelta}} \tag{1.8.17}$$

这里，下标“$\underline{\varDelta}$”下附加一横表示求和约定暂时不起作用。如有另一个 $\lambda_\varGamma$ 和相对应的 $\boldsymbol{r}_\varGamma(\varGamma \neq \varDelta)$，则有

$$\boldsymbol{T}\boldsymbol{r}_\varGamma = \lambda_{\underline{\varGamma}}\boldsymbol{r}_{\underline{\varGamma}} \tag{1.8.18}$$

求张量 $\boldsymbol{T}$ 在 $\boldsymbol{r}_\varDelta$，$\boldsymbol{r}_\varGamma$ 方向的两种表象：

$$T_{\varGamma\varDelta} = \boldsymbol{r}_\varGamma \cdot \boldsymbol{T}\boldsymbol{r}_\varDelta = \lambda_{\underline{\varDelta}}\boldsymbol{r}_\varGamma \cdot \boldsymbol{r}_{\underline{\varDelta}} \tag{1.8.19}$$

$$T_{\varDelta\varGamma} = \boldsymbol{r}_\varDelta \cdot \boldsymbol{T}\boldsymbol{r}_\varGamma = \lambda_{\underline{\varGamma}}\boldsymbol{r}_\varDelta \cdot \boldsymbol{r}_{\underline{\varGamma}} \tag{1.8.20}$$

因为 $T_{\varGamma\varDelta} = T_{\varDelta\varGamma}$，$\boldsymbol{r}_\varGamma \cdot \boldsymbol{r}_\varDelta = \boldsymbol{r}_\varDelta \cdot \boldsymbol{r}_\varGamma$，式 (1.8.19) 和式 (1.8.20) 相减得

$$(\lambda_\varDelta - \lambda_{\underline{\varGamma}})\boldsymbol{r}_{\underline{\varGamma}} \cdot \boldsymbol{r}_{\underline{\varDelta}} = 0 \tag{1.8.21}$$

当 $\varGamma = \varDelta$ 时

$$\boldsymbol{r}_\varGamma \cdot \boldsymbol{r}_\varDelta = 1 \tag{1.8.22}$$

当 $\varGamma \neq \varDelta$ 时，由假定 $\lambda_{\underline{\varDelta}} \neq \lambda_{\underline{\varGamma}}$，因而必有

$$\boldsymbol{r}_\varGamma \cdot \boldsymbol{r}_\varDelta = 0 \tag{1.8.23}$$

由此最后得出

$$\boldsymbol{r}_\Gamma \cdot \boldsymbol{r}_\Delta = \delta_{\Gamma\Delta} \tag{1.8.24}$$

所以三个主向量互相垂直，形成一组正交基。

在以三个主方向为坐标轴的系统中，张量 $\boldsymbol{T}$ 的表象为

$$T_{\Gamma\Delta} = \boldsymbol{r}_\Gamma \cdot \boldsymbol{T}\boldsymbol{r}_\Delta = \boldsymbol{r}_\Gamma \cdot \lambda_{\underline{\Delta}}\boldsymbol{r}_{\underline{\Delta}} = \lambda_{\underline{\Delta}}\delta_{\Gamma\underline{\Delta}} \tag{1.8.25}$$

$$[T_{\Gamma\Delta}] = \begin{bmatrix} \lambda_1 & 0 & 0 \\ 0 & \lambda_2 & 0 \\ 0 & 0 & \lambda_3 \end{bmatrix} \tag{1.8.26}$$

如果有一个任意的单位向量 $\boldsymbol{n}$，则张量 $\boldsymbol{T}$ 在 $\boldsymbol{n}$ 方向的法分量为

$$T_{\underline{nn}} = \boldsymbol{n} \cdot \boldsymbol{T}\boldsymbol{n} \tag{1.8.27}$$

因为 $\boldsymbol{n}$ 可以遍及空间中所有的方向，所以三个主值中的最大值 λ_1 和最小值 λ_3 一定也就是张量 $\boldsymbol{T}$ 在所有方向的法分量中的最大值和最小值。如果

$$\boldsymbol{n} \cdot \boldsymbol{T}\boldsymbol{n} > 0 \tag{1.8.28}$$

则三个主值都取正值，这种张量即为**正定**的。

如果

$$\boldsymbol{n} \cdot \boldsymbol{T}\boldsymbol{n} \geqslant 0 \tag{1.8.29}$$

则这种张量即为**半正定**或**非负定**的。

有两种特别情况值得注意。

(1) 张量 $\boldsymbol{T}$ 和它的经正交变换而得来的相似张量 $\boldsymbol{T}' = \boldsymbol{Q}^{\mathrm{T}} \cdot \boldsymbol{T}\boldsymbol{Q}$ 有相同的主值 λ。设 $\boldsymbol{T}'$ 的主方向为 $\boldsymbol{r}'$，则

$$\boldsymbol{r}' = \boldsymbol{Q}^{\mathrm{T}} \cdot \boldsymbol{r}, \quad \boldsymbol{r} = \boldsymbol{Q} \cdot \boldsymbol{r}'$$

$$\lambda\boldsymbol{r} = \boldsymbol{T} \cdot \boldsymbol{r} = \boldsymbol{T}\boldsymbol{Q}\boldsymbol{r}', \quad \lambda\boldsymbol{Q}^{\mathrm{T}} \cdot \boldsymbol{r} = (\boldsymbol{Q}^{\mathrm{T}}\boldsymbol{T}\boldsymbol{Q})\boldsymbol{r}'$$

即

$$\lambda\boldsymbol{r}' = \boldsymbol{T}'\boldsymbol{r}' \tag{1.8.30}$$

(2) 张量 $\boldsymbol{T}^n$ 和 $\boldsymbol{T}$ 有相同的主轴，前者的主值为后者的 n 次幂。因

$$\boldsymbol{T} \cdot \boldsymbol{r} = \lambda\boldsymbol{r}$$

$$\boldsymbol{T}^2 \cdot \boldsymbol{r} = \lambda\boldsymbol{T}\boldsymbol{r} = \lambda^2\boldsymbol{r}$$

当 n 为正整数时

$$\boldsymbol{T}^n \cdot \boldsymbol{r} = \lambda\boldsymbol{T}^{n-1}\boldsymbol{r} = \cdots = \lambda^n\boldsymbol{r} \tag{1.8.31}$$

可证 n 为负数或者分数也成立。后者成立的条件为 λ 可以开方。

1.9　正交张量的结构

正交张量 $\boldsymbol{Q}$ 的特征方程为

$$\lambda^3 - \mathrm{I}(\boldsymbol{Q})\lambda^2 + \mathrm{II}(\boldsymbol{Q})\lambda - \mathrm{III}(\boldsymbol{Q}) = 0 \tag{1.9.1}$$

式中

$$\mathrm{III}(\boldsymbol{Q}) = \det \boldsymbol{Q} = \pm 1 \tag{1.9.2}$$

特征方程 (1.9.1) 也可以写成

$$(\lambda - \lambda_1)(\lambda - \lambda_2)(\lambda - \lambda_3) = 0 \tag{1.9.3}$$

以 λ_3 为实根，其对应的特征向量为 $\boldsymbol{r}$，则

$$\boldsymbol{Q} \cdot \boldsymbol{r} = \lambda_3 \boldsymbol{r} \tag{1.9.4}$$

由正交变换向量长度保持不变的性质，得

$$1 = \boldsymbol{r} \cdot \boldsymbol{r} = (\boldsymbol{Q}\boldsymbol{r}) \cdot (\boldsymbol{Q}\boldsymbol{r}) = \lambda^3 \boldsymbol{r} \cdot \boldsymbol{r} = \lambda_3^2 \tag{1.9.5}$$

所以

$$\lambda_3^2 = \pm 1 = \mathrm{III} \tag{1.9.6}$$

因为 $\boldsymbol{Q}$ 为非对称张量，特征方程的另外两个根必为共轭复数。设

$$\lambda_1 = \rho \mathrm{e}^{\mathrm{i}\theta}, \quad \lambda_2 = \rho \mathrm{e}^{-\mathrm{i}\theta} \quad (\rho > 0) \tag{1.9.7}$$

有式 (1.9.3) 可知

$$\mathrm{III} = \lambda_1 \lambda_2 \lambda_3 = \rho^2 \mathrm{III} \tag{1.9.8}$$

因此

$$\rho = 1 \tag{1.9.9}$$

于是特征方程 (1.9.3) 经展开后为

$$\lambda^3 - (\mathrm{III} + \mathrm{e}^{\mathrm{i}\theta} + \mathrm{e}^{-\mathrm{i}\theta})\lambda^2 + (1 + \mathrm{III}\mathrm{e}^{\mathrm{i}\theta} + \mathrm{III}\mathrm{e}^{-\mathrm{i}\theta})\lambda - \mathrm{III} = 0 \tag{1.9.10}$$

和式 (1.9.1) 对比，可知

$$\mathrm{I} = \mathrm{III} + 2\cos\theta, \quad \mathrm{II} = 1 + 2\mathrm{III}\cos\theta \tag{1.9.11}$$

所以

$$\cos\theta = \frac{1}{2}(\,\mathrm{I}\; - \mathrm{III}) = \frac{\mathrm{II}\; - 1}{2\mathrm{III}} \tag{1.9.12}$$

这样可自 $\boldsymbol{Q}$ 的两个主不变量 I 和 III 确定三个特征值，它们也可以写成对角线矩阵的规范形式：

$$[Q^{\alpha}_{\beta}] = \begin{bmatrix} \mathrm{e}^{\mathrm{i}\theta} & 0 & 0 \\ 0 & \mathrm{e}^{-\mathrm{i}\theta} & 0 \\ 0 & 0 & \mathrm{III} \end{bmatrix} \tag{1.9.13}$$

但是和它们对应的三个特征向量 (也即特定的基向量) 却不再是正交的，甚至不是实的。在形式上仍可写出：

$$\boldsymbol{Q} = Q^{\alpha}_{\beta}\boldsymbol{e}_{\alpha}\boldsymbol{e}^{\beta} = \mathrm{e}^{\mathrm{i}\theta}\boldsymbol{e}_1\boldsymbol{e}^1 + \mathrm{e}^{-\mathrm{i}\theta}\boldsymbol{e}_2\boldsymbol{e}^2 + \boldsymbol{e}_3\boldsymbol{e}^3 \tag{1.9.14}$$

为求出在实的正交基上的表象 Q_{ij}，引进坐标变换：

$$\xi^1 = \chi^1 + \mathrm{i}\chi^2, \quad \xi^2 = \chi^1 - \mathrm{i}\chi^2, \quad \xi^3 = \chi^3 \tag{1.9.15}$$

及其逆变换

$$\chi^1 = \frac{1}{2}(\xi^1 + \xi^2), \quad \chi^2 = \frac{1}{2\mathrm{i}}(\xi^1 - \xi^2), \quad \chi^3 = \xi^3 \tag{1.9.16}$$

然后求出

$$Q^{i}_{j} = \boldsymbol{e}^i \cdot \boldsymbol{Q}\boldsymbol{e}_j = \boldsymbol{e}^i \cdot \boldsymbol{e}_{\alpha} Q^{\alpha}_{\beta}\boldsymbol{e}^{\beta} \cdot \boldsymbol{e}_j \tag{1.9.17}$$

式中

$$[\boldsymbol{e}^i \cdot \boldsymbol{e}_{\alpha}] = \left[\frac{\partial \chi^i}{\partial \xi^{\alpha}}\right] = \begin{bmatrix} \frac{1}{2} & \frac{1}{2} & 0 \\ \frac{1}{2\mathrm{i}} & \frac{1}{2\mathrm{i}} & 0 \\ 0 & 0 & 1 \end{bmatrix}$$

$$[\boldsymbol{e}^{\beta} \cdot \boldsymbol{e}_j] = \left[\frac{\partial \xi^{\beta}}{\partial \chi^j}\right] = \begin{bmatrix} 1 & \mathrm{i} & 0 \\ 1 & -\mathrm{i} & 0 \\ 0 & 0 & 1 \end{bmatrix} \tag{1.9.18}$$

于是可得出

$$[Q^{i}_{j}] = \begin{bmatrix} \frac{1}{2}(\mathrm{e}^{\mathrm{i}\theta} + \mathrm{e}^{-\mathrm{i}\theta}) & \frac{1}{2\mathrm{i}}(\mathrm{e}^{\mathrm{i}\theta} + \mathrm{e}^{-\mathrm{i}\theta}) & 0 \\ \frac{1}{2\mathrm{i}}(\mathrm{e}^{\mathrm{i}\theta} + \mathrm{e}^{-\mathrm{i}\theta}) & \frac{1}{2}(\mathrm{e}^{\mathrm{i}\theta} + \mathrm{e}^{-\mathrm{i}\theta}) & 0 \\ 0 & 0 & \mathrm{III} \end{bmatrix} = \begin{bmatrix} \cos\theta & -\sin\theta & 0 \\ \sin\theta & \cos\theta & 0 \\ 0 & 0 & \mathrm{III} \end{bmatrix} \tag{1.9.19}$$

现在来考虑 $\boldsymbol{Q}$ 对任意向量 $\boldsymbol{u}$ 的作用。先把 $\boldsymbol{u}$ 分解成跟 $\boldsymbol{r}$ 平行的部分 $u_r\boldsymbol{r}$ 和跟 $\boldsymbol{r}$ 垂直的部分 $u_n\boldsymbol{n}$($\boldsymbol{n}$ 是垂直于 $\boldsymbol{r}$ 的单位向量，$\boldsymbol{r}\cdot\boldsymbol{n}=0$):

$$\boldsymbol{Qu}=\boldsymbol{Qr}u_r+\boldsymbol{Qn}u_n \tag{1.9.20}$$

(1) $\boldsymbol{Q}$ 对 $\boldsymbol{r}$ 的作用是熟知的，由

$$\boldsymbol{Qr}=\lambda_3\boldsymbol{r}=\mathrm{III}\,\boldsymbol{r} \tag{1.9.21}$$

当 $\mathrm{III}=+1$ 时，$\boldsymbol{Qr}=\boldsymbol{r}$；当 $\mathrm{III}=-1$ 时，$\boldsymbol{Qr}=-\boldsymbol{r}$，即 $\boldsymbol{Qr}$ 使 $\boldsymbol{r}$ 反向。由式 (1.9.21) 和 $\boldsymbol{Q}^{\mathrm{T}}=\boldsymbol{Q}^{-1}$ 得

$$\boldsymbol{Q}^{\mathrm{T}}\boldsymbol{r}=\lambda_3\boldsymbol{r} \tag{1.9.22}$$

故 $\boldsymbol{Q}^{\mathrm{T}}$ 和 $\boldsymbol{Q}$ 有共同的特征值。

(2) $\boldsymbol{Q}$ 对 $\boldsymbol{n}$ 的作用。在式 (1.6.9) 中，已经知道 $\boldsymbol{Q}$ 作用到两个向量时，变换前后两向量之间的夹角保持不变。那么，$\boldsymbol{Qn}$ 垂直于 $\boldsymbol{Qr}$，而 $\boldsymbol{Qr}=\lambda_3\boldsymbol{r}=\mathrm{III}\,\boldsymbol{r}$，因此 $\boldsymbol{Qn}$ 是垂直于 $\boldsymbol{r}$ 的向量，$\boldsymbol{Q}$ 的作用是使 $\boldsymbol{n}$ 以 $\boldsymbol{r}$ 为轴作一旋转。旋转的角度的余弦为 $\boldsymbol{n}^{\mathrm{T}}\boldsymbol{Qn}$。若以 $\boldsymbol{r}$ 为 $\boldsymbol{e}_3$ 轴，则

$$\boldsymbol{n}=n_1\boldsymbol{e}_1+n_2\boldsymbol{e}_2 \tag{1.9.23}$$

故有

$$\boldsymbol{n}^{\mathrm{T}}\boldsymbol{Qn}=\begin{bmatrix} n_1 & n_2 & 0\end{bmatrix}\begin{bmatrix}\cos\theta & -\sin\theta & 0\\ \sin\theta & \cos\theta & 0\\ 0 & 0 & \mathrm{III}\end{bmatrix}\begin{bmatrix} n_1\\ n_2\\ 0\end{bmatrix}=(n_1^2+n_2^2)\cos\theta=\cos\theta \tag{1.9.24}$$

所以 θ 是旋转角。

把 $\boldsymbol{Qn}$ 分解为沿 $\boldsymbol{n}$ 的部分和垂直于 $\boldsymbol{n}$ 的部分：

$$\boldsymbol{Qn}=\cos\theta\boldsymbol{n}+\sin\theta\boldsymbol{r}\times\boldsymbol{n} \tag{1.9.25}$$

现在回到式 (1.9.20)，其中

$$\boldsymbol{r}u_r=\boldsymbol{r}(\boldsymbol{r}\cdot\boldsymbol{u})=(\boldsymbol{rr})\boldsymbol{u}$$

$$\boldsymbol{n}u_n=\boldsymbol{u}-\boldsymbol{r}(\boldsymbol{r}\cdot\boldsymbol{u})=(\boldsymbol{I}-\boldsymbol{rr})\boldsymbol{u} \tag{1.9.26}$$

于是有 (参见图 1.9.1)

$$\begin{aligned}\boldsymbol{Qu}&=\lambda_3\boldsymbol{r}u_r+(\cos\theta\boldsymbol{I}+\sin\theta\boldsymbol{r}\times)\boldsymbol{n}u_n\\ &=\mathrm{III}(\boldsymbol{rr})\boldsymbol{u}+(\cos\theta\boldsymbol{I}+\sin\theta\boldsymbol{r}\times)(\boldsymbol{I}-\boldsymbol{rr})\boldsymbol{u}=\{\mathrm{III}\,\boldsymbol{rr}+\cos\theta(\boldsymbol{I}-\boldsymbol{rr})+\sin\theta\boldsymbol{r}\times\}\boldsymbol{u}\end{aligned} \tag{1.9.27}$$

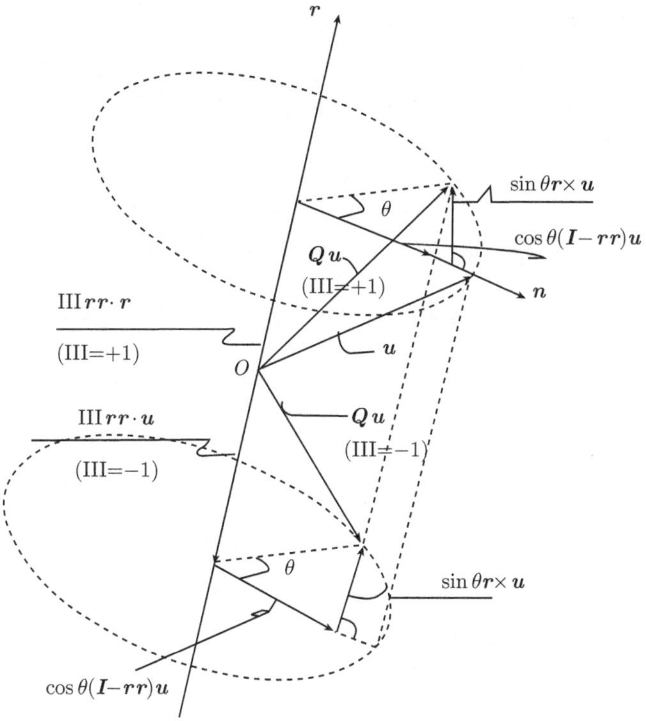

图 1.9.1

因此，得到 $\boldsymbol{Q}$ 的轴向向量表象

$$\boldsymbol{Q} = \text{III}\,\boldsymbol{rr} + \cos\theta(\boldsymbol{I} - \boldsymbol{rr}) + \sin\theta\boldsymbol{r}\times \tag{1.9.28}$$

它是由投影子 $\boldsymbol{rr}$、离心子 $\boldsymbol{I} - \boldsymbol{rr}$ 和旋转子 $\boldsymbol{r}\times$ 三部分构成的。在 $\text{III} = +1$ 时，$\boldsymbol{Q}$ 的作用是绕 $\boldsymbol{r}$ 轴旋转 θ 角；在 $\text{III} = -1$ 时，除旋转外还要继之以对垂直于 $\boldsymbol{r}$ 的平面的镜面反映。

在式 (1.5.10) 中曾经引出旋转子是和一个反对称张量等价的，令反对称张量为 $\boldsymbol{K}$，并令

$$\boldsymbol{K} = \theta\boldsymbol{r}\times \tag{1.9.29}$$

则 $\boldsymbol{K}^2$ 表示旋转两次，得出一个向心子：

$$\boldsymbol{K}^2 = \theta^2\boldsymbol{r}\times\boldsymbol{r}\times = -\theta^2(\boldsymbol{I} - \boldsymbol{rr}) \tag{1.9.30}$$

在以 $\boldsymbol{e}_3$ 为 $\boldsymbol{r}$ 轴时，三个量 $\boldsymbol{r}$，$\boldsymbol{K}$，$\boldsymbol{K}^2$ 的矩阵表象为

$$\boldsymbol{r} = \begin{bmatrix} 0 \\ 0 \\ 1 \end{bmatrix}, \quad \boldsymbol{K} = \theta\begin{bmatrix} 0 & -1 & 0 \\ 1 & 0 & 0 \\ 0 & 0 & 0 \end{bmatrix}, \quad \boldsymbol{K}^2 = \theta^2\begin{bmatrix} -1 & 0 & 0 \\ 0 & -1 & 0 \\ 0 & 0 & 0 \end{bmatrix} \tag{1.9.31}$$

因此正交张量 $\boldsymbol{Q}$ 也可用反对称张量 $\boldsymbol{K}$ 表示出

$$\boldsymbol{Q} = \mathrm{III}\left(\boldsymbol{I} + \frac{\boldsymbol{K}^2}{\theta^2}\right) - \cos\theta\,\frac{\boldsymbol{K}^2}{\theta^2} + \sin\theta\,\frac{\boldsymbol{K}}{\theta} \tag{1.9.32}$$

也即有 (参见图 1.9.2)

$$\boldsymbol{Q} = \mathrm{III}\,\boldsymbol{I} + \frac{\sin\theta}{\theta}\boldsymbol{K} + \frac{\mathrm{III} - \cos\theta}{\theta^2}\boldsymbol{K}^2 \tag{1.9.33}$$

这是反对称张量 $\boldsymbol{K}$ 的二次式。由于 $\boldsymbol{K} = -\boldsymbol{K}^{\mathrm{T}}$，$\boldsymbol{K}^2 = -(\boldsymbol{K}^{\mathrm{T}})^2$，

$$\boldsymbol{Q}^{\mathrm{T}} = \mathrm{III}\,\boldsymbol{I} - \frac{\sin\theta}{\theta}\boldsymbol{K} + \frac{\mathrm{III} - \cos\theta}{\theta^2}\boldsymbol{K}^2 \tag{1.9.34}$$

因而得到

$$\boldsymbol{K} = \frac{\boldsymbol{Q} - \boldsymbol{Q}^{\mathrm{T}}}{2} \cdot \frac{\theta}{\sin\theta} \tag{1.9.35}$$

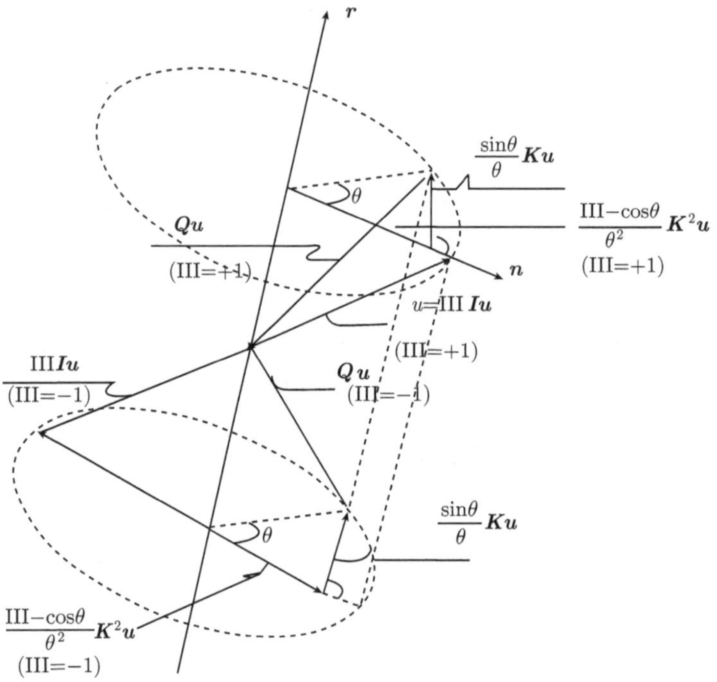

图 1.9.2

后面将讨论张量的指数函数可以像解析函数那样作级数展开 (式 (1.11.6))

$$\mathrm{e}^{K} = \boldsymbol{I} + \frac{\boldsymbol{K}}{1!} + \frac{\boldsymbol{K}^2}{2!} + \frac{\boldsymbol{K}^3}{3!} + \cdots \tag{1.9.36}$$

如以这里式 (1.9.32) 所用的 $\boldsymbol{K}$ 代入，将得到

$$[\mathrm{e}^{K}] = \begin{bmatrix} 1-\dfrac{\theta^2}{2!}+\dfrac{\theta^4}{4!}+\cdots & -(\theta-\dfrac{\theta^3}{3!}+\dfrac{\theta^5}{5!}+\cdots) & 0 \\ \theta-\dfrac{\theta^3}{3!}+\dfrac{\theta^5}{5!}+\cdots & 1-\dfrac{\theta^2}{2!}+\dfrac{\theta^4}{4!}+\cdots & 0 \\ 0 & 0 & 1 \end{bmatrix}$$

$$= \begin{bmatrix} \cos\theta & -\sin\theta & 0 \\ \sin\theta & \cos\theta & 0 \\ 0 & 0 & 1 \end{bmatrix} \tag{1.9.37}$$

注意到这正是 $\boldsymbol{Q}$ 的矩阵表象式 (1.9.19) 中 $\mathrm{III}=+1$ 的情况，这是转动张量 $\boldsymbol{R}$ 的矩阵表象。所以

$$\mathrm{e}^{K} = \boldsymbol{R} \tag{1.9.38}$$

则有式 (1.9.19) 的正交变换是

$$\boldsymbol{Q} = \boldsymbol{R} + (\mathrm{III}-1)\boldsymbol{rr} = \{\boldsymbol{I} + (\mathrm{III}-1)\boldsymbol{rr}\}\boldsymbol{R} = \{\boldsymbol{I} + (\mathrm{III}-1)\boldsymbol{rr}\}\mathrm{e}^{K}$$

在 $\mathrm{III}=+1$ 时，$\boldsymbol{Q}=\boldsymbol{R}$ (纯转动)；在 $\mathrm{III}=-1$ 时，$\boldsymbol{Q}=\{\boldsymbol{I}-2\boldsymbol{rr}\}\mathrm{e}^{K}$ (转动继之以镜面反映)。

1.10 张量的极分解

可逆张量 $\boldsymbol{F}$ 可以唯一地作乘法分解，成为一个正交张量 $\boldsymbol{Q}$ 右乘一个正定对称张量 $\boldsymbol{U}$ 的积，或者同一个正交张量 $\boldsymbol{Q}$ 左乘另一个正定对称张量 $\boldsymbol{V}$ 的积：

$$\boldsymbol{F} = \boldsymbol{QU} = \boldsymbol{VQ} \tag{1.10.1}$$

因为对一个非零的任意向量 $\boldsymbol{n}$，必有 $\boldsymbol{Fn}\neq 0$，所以其长度平方必为正值：

$$(\boldsymbol{Fn})\cdot(\boldsymbol{Fn}) = (\boldsymbol{Fn})^{\mathrm{T}}(\boldsymbol{Fn}) = \boldsymbol{n}^{\mathrm{T}}(\boldsymbol{F}^{\mathrm{T}}\boldsymbol{F})\boldsymbol{n} > 0 \tag{1.10.2}$$

可见 $\boldsymbol{F}^{\mathrm{T}}\boldsymbol{F}$ 是一个正定张量，又

$$(\boldsymbol{F}^{\mathrm{T}}\boldsymbol{F})^{\mathrm{T}} = \boldsymbol{F}^{\mathrm{T}}\boldsymbol{F} \tag{1.10.3}$$

因此 $\boldsymbol{F}^{\mathrm{T}}\boldsymbol{F}$ 又是一个对称张量。这个正定对称张量的三个特征根必定是正实数，因而可以开方。这样就可以构筑以这三个平方根为特征值的正定对称张量 $\boldsymbol{U}$，这就是张量 $\boldsymbol{F}^{\mathrm{T}}\boldsymbol{F}$ 的平方根张量：

$$\boldsymbol{U} = \sqrt{\boldsymbol{F}^{\mathrm{T}}\boldsymbol{F}} \tag{1.10.4}$$

这个正定张量必然是可逆的，设其逆为 $\boldsymbol{U}^{-1}$。令

$$\boldsymbol{F}\boldsymbol{U}^{-1} = \boldsymbol{Q} \tag{1.10.5}$$

则 $\boldsymbol{Q}$ 必为正交张量，因

$$\begin{aligned}\boldsymbol{Q}\boldsymbol{Q}^{\mathrm{T}} &= \boldsymbol{F}\boldsymbol{U}^{-1}(\boldsymbol{F}\boldsymbol{U}^{-1})^{\mathrm{T}} = \boldsymbol{F}\boldsymbol{U}^{-1}\boldsymbol{F}\boldsymbol{U}^{-1}\boldsymbol{F}^{\mathrm{T}} = \boldsymbol{F}(\boldsymbol{U}^{2})^{-1}\boldsymbol{F}^{\mathrm{T}} \\ &= \boldsymbol{F}(\boldsymbol{F}^{\mathrm{T}}\boldsymbol{F})^{-1}\boldsymbol{F}^{\mathrm{T}} = \boldsymbol{F}\boldsymbol{F}^{-1}(\boldsymbol{F}\boldsymbol{F}^{-1})^{\mathrm{T}} = \boldsymbol{I}\,\boldsymbol{I}^{\mathrm{T}} = \boldsymbol{I}\end{aligned}$$

这样就得出 $\boldsymbol{F}$ 的右分解：

$$\boldsymbol{F} = \boldsymbol{Q}\boldsymbol{U} \tag{1.10.6}$$

如果 $\boldsymbol{F}$ 还可以作别的右分解 $\boldsymbol{Q}'\boldsymbol{U}'$，则

$$\boldsymbol{Q}\boldsymbol{U} = \boldsymbol{Q}'\boldsymbol{U}'$$

求其转置，并利用 $\boldsymbol{U}$，$\boldsymbol{U}'$ 的对称性得

$$\boldsymbol{U}\boldsymbol{Q}^{\mathrm{T}} = \boldsymbol{U}'\boldsymbol{Q}'^{\mathrm{T}}$$

因此

$$\boldsymbol{U}^{2} = \boldsymbol{U}\boldsymbol{Q}^{\mathrm{T}}\boldsymbol{Q}\boldsymbol{U} = \boldsymbol{U}'\boldsymbol{Q}'^{\mathrm{T}}\boldsymbol{Q}'\boldsymbol{U}' = \boldsymbol{U}'^{2}$$

所以，$\boldsymbol{U} = \boldsymbol{U}'$，$\boldsymbol{Q} = \boldsymbol{Q}'$。这就证明了右分解的唯一性。

同理，设

$$\boldsymbol{V} = \sqrt{\boldsymbol{F}^{\mathrm{T}}\boldsymbol{F}} \tag{1.10.7}$$

可证左分解为

$$\boldsymbol{F} = \boldsymbol{V}\boldsymbol{Q}^{*} \tag{1.10.8}$$

是存在和唯一的，这里 $\boldsymbol{Q}^{*}$ 是正交张量。式 (1.10.8) 可以写成

$$\boldsymbol{F} = \boldsymbol{Q}^{*}(\boldsymbol{Q}^{*\mathrm{T}}\boldsymbol{V}\boldsymbol{Q}^{*})$$

这就成为右分解的形式。既然右分解是唯一的，就必有

$$\boldsymbol{Q}^{*} = \boldsymbol{Q}, \quad \boldsymbol{Q}^{*\mathrm{T}}\boldsymbol{V}\boldsymbol{Q}^{*} = \boldsymbol{U}$$

可见在右分解和左分解中出现的正交张量是同一个。而第二式变成

$$\boldsymbol{V} = \boldsymbol{Q}\boldsymbol{U}\boldsymbol{Q}^{\mathrm{T}} \tag{1.10.9}$$

可见 $\boldsymbol{U}$ 和 $\boldsymbol{V}$ 是相似张量，应有相同的主值 λ_Γ (Γ =1，2，3)。设 $\boldsymbol{U}$，$\boldsymbol{V}$ 相应的主方向分别为 $\boldsymbol{r}_\Gamma$，$\boldsymbol{r}_\Gamma^*$，则

$$\boldsymbol{V}(\boldsymbol{Q}\boldsymbol{r}_\Gamma) = \boldsymbol{Q}\boldsymbol{U}\boldsymbol{r}_\Gamma = \lambda_r(\boldsymbol{Q}\boldsymbol{r}_\Gamma)$$

因此，$\boldsymbol{Q}\boldsymbol{r}_\Gamma$ 是 $\boldsymbol{V}$ 的主方向 $\boldsymbol{r}_\Gamma^*$，

$$\boldsymbol{r}_\Gamma^* = \boldsymbol{Q}\boldsymbol{r}_\Gamma \tag{1.10.10}$$

如果 $\det \boldsymbol{Q} = +1$，则 $\boldsymbol{Q} = \boldsymbol{R} = \mathrm{e}^K$，则左分解可以写为

$$\boldsymbol{F} = \boldsymbol{V}\mathrm{e}^K$$

此式和复数的极表示相似，极分解的名字由此得来。

1.11 张 量 函 数

张量函数就是以张量为自变量的函数。如果函数值是标量，就叫做标量值张量函数；如果函数值是张量，就叫做张量值张量函数。设自变量张量为 $\boldsymbol{V}$，则标量值函数和张量值函数可以分别写成：

$$S = f(\boldsymbol{V}), \quad \boldsymbol{T} = \boldsymbol{F}(\boldsymbol{V}) \tag{1.11.1}$$

标量值张量函数的例子有

$$f(\boldsymbol{V}) = \det(k\boldsymbol{V}), \quad k \cdot \mathrm{tr}(\boldsymbol{V}^n), \quad \mathrm{II}(\boldsymbol{V}), \quad \cdots \tag{1.11.2}$$

在函数中也可包含别的固定值的张量作为参数，例如，有一种以常张量 $\boldsymbol{L}$ 为参数的标量值的线性张量函数：

$$f(\boldsymbol{V}) = \mathrm{tr}(\boldsymbol{L}^\mathrm{T}\boldsymbol{V}) = L_{ij}^\mathrm{T}V_{ji} = L_{ji}V_{ji} \tag{1.11.3}$$

这是两个张量形成的标量积，记作双重点积 $\boldsymbol{L} : \boldsymbol{V}$，因为有两个下标重复而缩并。

张量值张量函数的例子有

$$\boldsymbol{F}(\boldsymbol{V}) = \boldsymbol{V}^\mathrm{T}, \quad \boldsymbol{V}^{-1}, \quad \boldsymbol{V}^n, \quad \sqrt{\boldsymbol{V} - \boldsymbol{I}}, \quad \cdots \tag{1.11.4}$$

当然可以用数量乘张量、张量相加、张量乘张量等运算形成新的张量，后者是张量值函数，如张量多项式

$$\boldsymbol{T} = \boldsymbol{F}(\boldsymbol{V}) = K_0\boldsymbol{I} + K_1\boldsymbol{V} + K_2\boldsymbol{V}^2 + \cdots + K_n\boldsymbol{V}^n \tag{1.11.5}$$

这些标量 K_0，K_1，$\cdots$ 可以是绝对标量，也可以是张量自变量 $\boldsymbol{V}$ 的标量值函数。张量 $\boldsymbol{T}$ 的分量 T_{ij} 是自变量 $\boldsymbol{V}$ 的分量 V_{ij} 的某些多项式函数。这种办法可以推广，只要所有 9 个分量 T_{ij} 的级数收敛，即可以使项数增加到无限。因此可以从通常的解析函数出发来形成张量函数。例如，复数 $Z = x + \mathrm{i}y$ 的指数函数所展开的级数对所有的 x 和 y 值都收敛：

$$\mathrm{e}^Z = 1 + \frac{Z}{1!} + \frac{Z^2}{2!} + \frac{Z^3}{3!} + \cdots$$

可以用张量级数

$$\boldsymbol{T} = \mathrm{e}^V = \boldsymbol{I} + \frac{\boldsymbol{V}}{1!} + \frac{\boldsymbol{V}^2}{2!} + \frac{\boldsymbol{V}^3}{3!} + \cdots \tag{1.11.6}$$

来定义 $\boldsymbol{T} = \mathrm{e}^V$，对所有 T_{ij} 的所有值，这 9 个级数都是收敛的。

同理，可以定义张量的对数函数

$$\boldsymbol{T} = \ln(\boldsymbol{I} + \boldsymbol{V}) = \boldsymbol{V} - \frac{\boldsymbol{V}^2}{2!} + \frac{\boldsymbol{V}^3}{3!} - \cdots \quad (|V| < 1) \tag{1.11.7}$$

这里，$|\boldsymbol{V}| = \sqrt{V_{ij}V_{ij}}$ 是张量 $\boldsymbol{V}$ 的模。

张量 $\boldsymbol{V}$ 的张量值线性函数也可凭借四阶张量 $\boldsymbol{L}$ 来定义，记作

$$\boldsymbol{T} = \boldsymbol{F}(\boldsymbol{V}) = \boldsymbol{L}[\boldsymbol{V}], \quad T_{ij} = F_{ij}(V_{mn}) = L_{ijmn}V_{mn} \tag{1.11.8}$$

下面分析张量函数对其自变量的求导。

标量值张量函数 $S = f(\boldsymbol{V})$ 的导数是一个二阶张量，记作

$$S'_V(\boldsymbol{V}) = \frac{\partial S}{\partial \boldsymbol{V}} = \frac{\partial f(\boldsymbol{V})}{\partial \boldsymbol{V}}, \quad S'_{ij} = \frac{\partial S}{\partial V_{ij}} = \frac{\partial f(V)}{\partial \boldsymbol{V}_{ij}} \tag{1.11.9}$$

导数 $S'_V(\boldsymbol{V})$ 也可以用内含的方法来定义，即对任意张量 $\boldsymbol{C}$ 和可变标量 $\boldsymbol{h}$，求

$$\begin{aligned}\left.\frac{\mathrm{d}}{\mathrm{d}h}f(\boldsymbol{V} + h\boldsymbol{C})\right|_{h=0} &= \left.\frac{\partial f}{\partial(V_{ij} + hC_{ij})}\frac{\mathrm{d}(V_{ij} + hC_{ij})}{\mathrm{d}h}\right|_{h=0} \\ &= \frac{\partial f}{\partial V_{ij}}C_{ij} = \frac{\partial s}{\partial \boldsymbol{V}} \cdot \boldsymbol{C} = \mathrm{tr}\left[\left(\frac{\partial s}{\partial \boldsymbol{V}}\right)^{\mathrm{T}}\boldsymbol{C}\right]\end{aligned} \tag{1.11.10}$$

这样可以通过标量求导而得到张量的导数。例如，为求出 $\dfrac{\partial \det \boldsymbol{V}}{\partial \boldsymbol{V}}$，可先求出 $\left.\dfrac{\mathrm{d}}{\mathrm{d}h}\det(\boldsymbol{V} + h\boldsymbol{C})\right|_{h=0}$，然后通过对比得出结果。由于

$$\begin{aligned}\det(\boldsymbol{V} + h\boldsymbol{C}) &= \det\left\{h\boldsymbol{V}\left(\frac{1}{h}\boldsymbol{I} + \boldsymbol{V}^{-1}\boldsymbol{C}\right)\right\} \\ &= h^3 \det \boldsymbol{V} \det\left(\frac{1}{h}\boldsymbol{I} + \boldsymbol{V}^{-1}\boldsymbol{C}\right)\end{aligned}$$

$$= h^3 \det \boldsymbol{V} \left\{ \frac{1}{h^3} + \frac{1}{h^2} \text{I} \ (\boldsymbol{V}^{-1}\boldsymbol{C}) + \frac{1}{h} \text{II} (\boldsymbol{V}^{-1}\boldsymbol{C}) + \text{III}(\boldsymbol{V}^{-1}\boldsymbol{C}) \right\}$$
$$= \det \boldsymbol{V} (1 + \text{I} \ h + \text{II} \ h^2 + \text{III} \, h^3) \tag{1.11.11}$$

所以

$$\frac{\mathrm{d}}{\mathrm{d}h} \det(\boldsymbol{V} + h\boldsymbol{C}) \bigg|_{h=0} = \det \boldsymbol{V} \operatorname{tr}(\boldsymbol{V}^{-1}\boldsymbol{C})$$

但是从内含定义，上式应等于 $\operatorname{tr}\left[\left(\frac{\partial \det \boldsymbol{V}}{\partial \boldsymbol{V}}\right)^{\mathrm{T}} \boldsymbol{C}\right]$，因而得出

$$\frac{\partial \det \boldsymbol{V}}{\partial \boldsymbol{V}} = (\det \boldsymbol{V})(\boldsymbol{V}^{-1})^{\mathrm{T}} \tag{1.11.12}$$

这也正是张量求逆的公式。从式 (1.11.12) 又可求出张量主不变量的导数。设 β 为某常数，则

$$\frac{\partial \det(\boldsymbol{V} + \beta \boldsymbol{V})}{\partial \boldsymbol{V}} = \det(\boldsymbol{V} + \beta \boldsymbol{I})[(\boldsymbol{V} + \beta \boldsymbol{I})^{-1}]^{\mathrm{T}}$$

因 $\det(\boldsymbol{V} + \beta \boldsymbol{I}) = \beta^3 + \text{I} \ \beta^2 + \text{II} \ \beta + \text{III}$，

$$\frac{\partial \det(\boldsymbol{V} + \beta \boldsymbol{I})}{\partial \boldsymbol{V}} = \beta^2 \frac{\partial \ \text{I}}{\partial \boldsymbol{V}} + \beta \frac{\partial \ \text{II}}{\partial \boldsymbol{V}} + \frac{\partial \text{III}}{\partial \boldsymbol{V}}$$

代入前式得

$$(\boldsymbol{V} + \beta \boldsymbol{I})^{\mathrm{T}} \left(\beta^2 \frac{\partial \ \text{I}}{\partial \boldsymbol{V}} + \beta \frac{\partial \ \text{II}}{\partial \boldsymbol{V}} + \frac{\partial \text{III}}{\partial \boldsymbol{V}} \right) = (\beta^3 + \beta^2 \ \text{I} + \beta \, \text{II} + \text{III}) \boldsymbol{I}$$

对比 β 的同次幂项的系数得

$$\frac{\partial \ \text{I}}{\partial \boldsymbol{V}} = \boldsymbol{I}, \quad \boldsymbol{V}^{\mathrm{T}} \frac{\partial \ \text{I}}{\partial \boldsymbol{V}} + \frac{\partial \ \text{II}}{\partial \boldsymbol{V}} = \text{I} \ \boldsymbol{I}$$

$$\boldsymbol{V}^{\mathrm{T}} \frac{\partial \ \text{II}}{\partial \boldsymbol{V}} + \frac{\partial \text{III}}{\partial \boldsymbol{V}} = \text{II} \ \boldsymbol{I}, \quad \boldsymbol{V}^{\mathrm{T}} \frac{\partial \text{III}}{\partial \boldsymbol{V}} = \text{III} \ \boldsymbol{I}$$

由此得出三个主不变量对张量的导数

$$\frac{\partial \ \text{I}}{\partial \boldsymbol{V}} = \boldsymbol{I}, \quad \frac{\partial \ \text{II}}{\partial \boldsymbol{V}} = \text{I} \ \boldsymbol{I} - \boldsymbol{V}^{\mathrm{T}}, \quad \frac{\partial \text{III}}{\partial \boldsymbol{V}} = (\text{II} \ \boldsymbol{I} - \text{I} \ \boldsymbol{V} + \boldsymbol{V}^2)^{\mathrm{T}} = \text{III}(\boldsymbol{V}^{-1})^{\mathrm{T}} \tag{1.11.13}$$

从最后的式子可得出著名的 Hamilton-Cayley 定理：

$$\Delta(\boldsymbol{V}) = -\boldsymbol{V}^3 + \text{I} \ \boldsymbol{V}^2 - \text{II} \ \boldsymbol{V} + \text{III} \, \boldsymbol{I} = 0 \tag{1.11.14}$$

张量值张量函数的导数是四阶张量

$$\boldsymbol{F}'(\boldsymbol{V}) = \frac{\partial \boldsymbol{F}(\boldsymbol{V})}{\partial \boldsymbol{V}}, \quad F'_{ijmn} = \frac{\partial F_{ij}}{\partial V_{mn}} \tag{1.11.15}$$

也可以通过类似的办法以内含方式来定义，以利计算。在自变量 $\boldsymbol{V}$ 为对称张量时，独立分量从 9 个减至 6 个，但是，计算导数时仍应将分量看成 9 个，必须在形式上先令

$$\boldsymbol{F}(\boldsymbol{V})=\boldsymbol{F}\left(\frac{\boldsymbol{V}+\boldsymbol{V}^{\mathrm{T}}}{2}\right) \tag{1.11.16}$$

才能得到正确的结果。例如

$$f(\boldsymbol{V})=(V_{12})^2$$

先令

$$f(\boldsymbol{V})=f\left(\frac{\boldsymbol{V}+\boldsymbol{V}^{\mathrm{T}}}{2}\right)=\left(\frac{V_{12}+V_{21}}{2}\right)^2$$

$$\frac{\partial f}{\partial V_{12}}=\frac{1}{2}(V_{12}+V_{21})$$

再变回得

$$\frac{\partial f}{\partial V_{12}}=V_{12},\quad \frac{\partial f}{\partial V_{21}}=V_{12}$$

如果不先变一变，写成

$$f(\boldsymbol{V})=(V_{12})^2$$

$$\frac{\partial f}{\partial V_{12}}=\frac{\partial (V_{12})^2}{\partial V_{12}}=2V_{12}\ (\textbf{错})$$

则显然是错误的。上述求导问题在塑性关联流动律中会遇到。

1.12　各向同性张量函数

标量值或张量值的张量函数为

$$S=f(\boldsymbol{V}),\quad \boldsymbol{T}=\boldsymbol{F}(\boldsymbol{V})$$

在给定的坐标系里可以写成分量形式

$$S=f(V_{ij}),\quad T_{ij}=F_{ij}(V_{mn}) \tag{1.12.1}$$

一般说来，这些函数的形式在不同的坐标系里是不同的，如果对所有的直角坐标系，分量函数的形式是相同的，这样的函数叫做**各向同性张量函数**。

另有一个等价的定义：对于所有的正交张量 $\boldsymbol{Q}$，各向同性张量函数满足下列关系：

$$f(\boldsymbol{V})=f(\boldsymbol{Q}\boldsymbol{V}\boldsymbol{Q}^{\mathrm{T}}),\quad \boldsymbol{Q}\boldsymbol{F}(\boldsymbol{V})\boldsymbol{Q}^{\mathrm{T}}=\boldsymbol{F}(\boldsymbol{Q}\boldsymbol{V}\boldsymbol{Q}^{\mathrm{T}}) \tag{1.12.2}$$

意思是说，不管坐标系怎样变换，函数关系中的自变量张量和应变量张量都按照同样的正交变换而变换，张量函数的形式是相同的。如果 $\boldsymbol{Q}$ 不是指所有可能的正交变换，而是限制在正交变换群的某个子群 (例如, 一种转动子群，对某个平面的镜面反映子群，中心反演子群等) 内，则说服从式 (1.12.2) 的张量函数相对于那个子群是各向同性函数。

下面来讨论对称张量的各向同性函数的表象。

标量值各向同性张量函数也叫正交不变量，即不论对自变量作何种正交变换，函数值总是不变量。我们看到 $\boldsymbol{V}$ 和 $\boldsymbol{Q}\boldsymbol{V}\boldsymbol{Q}^{\mathrm{T}}$ 是相似张量，必有相同的主值，因而有相同的三个主不变量。反之，如有两个张量 $\boldsymbol{V}$ 和 $\boldsymbol{W}$ 具有相同的主不变量，则它们的特征方程和特征根也是相同的；它们的特征向量 $\boldsymbol{v}_{\Gamma}$ 和 $\boldsymbol{w}_{\Gamma}$ 虽然不同，但它们是两个各自正交的向量组。这样就一定有一个唯一的正交张量 $\boldsymbol{Q}$ 使得 $\boldsymbol{Q}\boldsymbol{v}_{\Gamma}=\boldsymbol{w}_{\Gamma}$。因此可得

$$\boldsymbol{Q}\boldsymbol{V}\boldsymbol{v}_{\Gamma}=\lambda_{\Gamma}\boldsymbol{Q}\boldsymbol{v}_{\Gamma}=\lambda_{\Gamma}\boldsymbol{w}_{\Gamma}=\boldsymbol{W}\boldsymbol{w}_{\Gamma}=\boldsymbol{W}\boldsymbol{Q}\boldsymbol{v}_{\Gamma}$$

这样就有 $\boldsymbol{W}=\boldsymbol{Q}\boldsymbol{V}\boldsymbol{Q}^{\mathrm{T}}$，而使式 (1.12.2) 的第一式成为 $f(\boldsymbol{V})=f(\boldsymbol{W})$，因此主不变量相同是 $\boldsymbol{V}$，$\boldsymbol{W}$ 相似的充要条件。从而可将标量值各向同性张量函数表示为自变量张量的三个主不变量的函数：

$$S=f(\boldsymbol{V})=f\{\mathrm{I}(\boldsymbol{V}),\mathrm{II}(\boldsymbol{V}),\mathrm{III}(\boldsymbol{V})\} \tag{1.12.3}$$

张量值各向同性张量函数的自变量张量和因变量张量承受同样的正交变换。首先要证明因变量张量 $\boldsymbol{T}$ 和自变量张量 $\boldsymbol{V}$ 有公用的主轴。

在 $\boldsymbol{Q}$ 中选择一个特殊的正交张量 $\bar{\boldsymbol{Q}}$，它表示在垂直于 $\boldsymbol{r}$ 的平面上的镜面反映：

$$\bar{\boldsymbol{Q}}=\boldsymbol{I}-2\boldsymbol{r}\boldsymbol{r} \tag{1.12.4}$$

式中，$\boldsymbol{r}$ 是 $\boldsymbol{V}$ 的一个主方向，则

$$\bar{\boldsymbol{Q}}\boldsymbol{r}=(\boldsymbol{I}-2\boldsymbol{r}\boldsymbol{r})\boldsymbol{r}=\boldsymbol{r}-2\boldsymbol{r}=-\boldsymbol{r} \tag{1.12.5}$$

$$\bar{\boldsymbol{Q}}\boldsymbol{V}\bar{\boldsymbol{Q}}^{\mathrm{T}}=(\boldsymbol{I}-2\boldsymbol{r}\boldsymbol{r})\boldsymbol{V}(\boldsymbol{I}-2\boldsymbol{r}\boldsymbol{r})^{\mathrm{T}}=\boldsymbol{V} \tag{1.12.6}$$

由式 (1.12.2) 的第二式和式 (1.12.6)，可得 $\bar{\boldsymbol{Q}}\boldsymbol{T}\bar{\boldsymbol{Q}}^{\mathrm{T}}=\boldsymbol{T}$，因此 $\bar{\boldsymbol{Q}}\boldsymbol{T}=\boldsymbol{T}\bar{\boldsymbol{Q}}$。从而有

$$\bar{\boldsymbol{Q}}(\boldsymbol{T}\boldsymbol{r})=\boldsymbol{T}(\bar{\boldsymbol{Q}}\boldsymbol{r})=-(\boldsymbol{T}\boldsymbol{r}) \tag{1.12.7}$$

可见 $\bar{\boldsymbol{Q}}$ 把向量 $\boldsymbol{T}\boldsymbol{r}$ 变换成其反向向量，但镜面反映能使向量变成其逆的只有 $\boldsymbol{r}$ 方向的向量 $\beta\boldsymbol{r}$。因此

$$\boldsymbol{T}\boldsymbol{r}=\beta\boldsymbol{r} \tag{1.12.8}$$

这样，$\boldsymbol{r}$ 也就是张量 $\boldsymbol{T}$ 的主方向，而 β 是相应的主值。

其次，我们来证明，张量值各向同性张量函数一定可以表示成自变量张量的二次三项式：

$$\boldsymbol{T}=\varphi_0(\,\mathrm{I}\,,\mathrm{II},\mathrm{III})\boldsymbol{I}+\varphi_1(\,\mathrm{I}\,,\mathrm{II},\mathrm{III})\boldsymbol{V}+\varphi_2(\,\mathrm{I}\,,\mathrm{II},\mathrm{III})\boldsymbol{V}^2 \tag{1.12.9}$$

设 $\boldsymbol{V}$ 的主值为 λ_1，λ_2，λ_3，相应的 $\boldsymbol{T}$ 的主值为 β_1，β_2，β_3，选择一个正交变换可使张量 $\boldsymbol{V}$ 和 $\boldsymbol{T}$ 同时变为对角线张量。

$$\begin{bmatrix}\beta_1 & 0 & 0\\ 0 & \beta_2 & 0\\ 0 & 0 & \beta_3\end{bmatrix}=F\left(\begin{bmatrix}\lambda_1 & 0 & 0\\ 0 & \lambda_2 & 0\\ 0 & 0 & \lambda_3\end{bmatrix}\right) \tag{1.12.10}$$

因此，β_Γ 可以表示为 λ_Γ 的函数，设函数形式为一个二次式

$$\beta_\Gamma=\phi_0+\phi_1\lambda_\Gamma+\phi_2\lambda_\Gamma^2\quad(\Gamma=1,2,3) \tag{1.12.11}$$

这三个式子恰好可以解出 ϕ_0，ϕ_1，ϕ_2。全式乘以 $\boldsymbol{r}_\Gamma$ 得

$$\beta_\Gamma\boldsymbol{r}_\Gamma=\phi_0\boldsymbol{r}_\Gamma+\phi_1\lambda_\Gamma\boldsymbol{r}_\Gamma+\phi_2\lambda_\Gamma^2\boldsymbol{r}_\Gamma \tag{1.12.12}$$

也即

$$\boldsymbol{T}\boldsymbol{r}_\Gamma=(\phi_0\boldsymbol{I}+\phi_1\boldsymbol{V}+\phi_2\boldsymbol{V}^2)\boldsymbol{r}_\Gamma$$
$$\{\boldsymbol{T}-(\phi_0\boldsymbol{I}+\phi_1\boldsymbol{V}+\phi_2\boldsymbol{V}^2)\}\boldsymbol{r}_\Gamma=0 \tag{1.12.13}$$

因为 $\boldsymbol{r}_\Gamma$ 是一个非零张量，故式 (1.12.9) 得证，其中的标量系数只能是 $\boldsymbol{V}$ 的三个主不变量的函数。

各向同性张量函数必是二次三项式的形式也可以由 Hamilton-Cayley 定理得出。因为张量的多项式或幂级数是各向同性函数，如假定

$$\boldsymbol{F}(\boldsymbol{V})=\sum C_k\boldsymbol{V}^k \tag{1.12.14}$$

则

$$\begin{aligned}\boldsymbol{F}(\boldsymbol{Q}\boldsymbol{V}\boldsymbol{Q}^{\mathrm{T}})&=\sum C_k(\boldsymbol{Q}\boldsymbol{V}\boldsymbol{Q}^{\mathrm{T}})^k\\&=\sum C_k\boldsymbol{Q}\boldsymbol{V}\boldsymbol{Q}^{\mathrm{T}}\boldsymbol{Q}\boldsymbol{V}\boldsymbol{Q}^{\mathrm{T}}\cdots\boldsymbol{Q}\boldsymbol{V}\boldsymbol{Q}^{\mathrm{T}}\\&=\sum C_k\boldsymbol{Q}\boldsymbol{V}^k\boldsymbol{Q}^{\mathrm{T}}=\boldsymbol{Q}\boldsymbol{F}(\boldsymbol{V})\boldsymbol{Q}^{\mathrm{T}}\end{aligned} \tag{1.12.15}$$

所以 $\sum C_k\boldsymbol{V}^k$ 是各向同性的。由 Hamilton-Cayley 定理，$\boldsymbol{V}^3$ 以上的各幂都可用 $\boldsymbol{V}^2$，$\boldsymbol{V}$，$\boldsymbol{I}$ 及三个主不变量表出，因此最后可得二次三项式形式的各向同性张量函数。

第 2 章　运动和变形

2.1　物体的运动

物体 B 是物质粒子的连续集合。每个粒子都可用一个标记 X 来命名 (图 (2.1.1))。

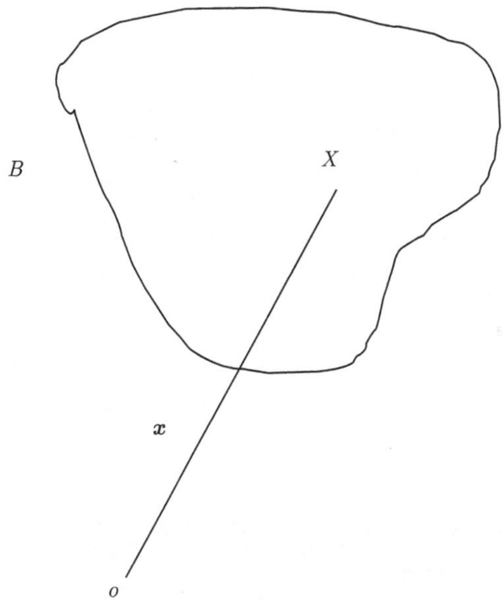

图 2.1.1

在一个特定的时刻，每个粒子 X 在空间中占有一个位置 $\boldsymbol{x}$。对组成物体 B 的所有粒子位置的完全刻画叫做物体的一个**构形** (位形、配置，configuration)。这样，一个构形可以用粒子 X 和位置 $\boldsymbol{x}$ 一一对应的映射和函数关系来表示

$$\boldsymbol{x} = \boldsymbol{K}(X) \tag{2.1.1}$$

物体上各点位置随时间的变化，也即构形随时间的连续变化，叫做物体的**运动**：

$$\boldsymbol{x} = \boldsymbol{x}(X, t) \tag{2.1.2}$$

物体粒子的标记 X 可以用不同的方法来规定。一个比较简单的办法是把粒子在任

意选定的一个**参考构形**(如初始时刻的构形) 中的位置 $\boldsymbol{X}$ 选作 X。这样式 (2.1.2) 成为

$$\boldsymbol{x}=\boldsymbol{x}(\boldsymbol{X},t) \tag{2.1.3}$$

描述粒子在参考构形中的位置 $\boldsymbol{X}$ 和在流动构形中的位置 $\boldsymbol{x}$ 需要一定的坐标系。$\boldsymbol{X}$ 的坐标系和 $\boldsymbol{x}$ 的坐标系都可分别任意选取。描述粒子 $\boldsymbol{X}$ 的坐标系叫做物质坐标系 (Lagrange 坐标系)，描述粒子空间位置 $\boldsymbol{x}$ 的坐标系叫做空间坐标系 (Euler 坐标系)。本书为了简单起见，把两个坐标系选为共轴的直角坐标系。虽然二者共轴，但是它们的性质是不相同的。

粒子 $\boldsymbol{X}$ 的速度和加速度是函数 $\boldsymbol{x}(\boldsymbol{X},t)$ 在 $\boldsymbol{X}$ 固定的情况下对时间的一阶和二阶导数：

$$\boldsymbol{v}=\dot{\boldsymbol{x}}(\boldsymbol{X},t)=\frac{\mathrm{d}\boldsymbol{x}(\boldsymbol{X},t)}{\mathrm{d}t} \tag{2.1.4}$$

$$\boldsymbol{a}=\ddot{\boldsymbol{x}}(\boldsymbol{X},t)=\frac{\mathrm{d}^2\boldsymbol{x}(\boldsymbol{X},t)}{\mathrm{d}t^2} \tag{2.1.5}$$

这里，$\dot{\boldsymbol{x}}$ 或 $\dfrac{\mathrm{d}\boldsymbol{x}}{\mathrm{d}t}$叫做 $\boldsymbol{x}$ 的物质导数 (随体导数)，像函数 $\boldsymbol{v}=\dot{\boldsymbol{x}}(\boldsymbol{X},t)$ 这样以 $\boldsymbol{X}$ 和 t 为自变量的描述叫做**物质描述**。

如取 $\boldsymbol{x}$ 的逆函数 $\boldsymbol{x}^{-1}$，则可将 $\boldsymbol{X}$ 用 $\boldsymbol{x}$ 表出

$$\boldsymbol{X}=\boldsymbol{x}^{-1}(\boldsymbol{x},t) \tag{2.1.6}$$

代入式 (2.1.4) 中，则有

$$\boldsymbol{v}=\dot{\boldsymbol{x}}(\boldsymbol{x}^{-1}(\boldsymbol{x},t),t)=\dot{\boldsymbol{x}}(\boldsymbol{x},t) \tag{2.1.7}$$

最右边的式子表示空间中随时间变化的速度场。像函数 $\dot{\boldsymbol{x}}(\boldsymbol{x},t)$ 这样的以 $\boldsymbol{x}$，t 为自变量的描述方法叫做**空间描述**。

函数相对于时间的物质导数是一物质描述的函数 $f(\boldsymbol{X},t)$ 在固定物质粒子 $\boldsymbol{X}$ 情况下对时间的导数，记作

$$\dot{f}=\frac{\mathrm{d}f}{\mathrm{d}t}=\left.\frac{\mathrm{d}f\,(\boldsymbol{X},t)}{\mathrm{d}t}\right|_{\boldsymbol{x}} \tag{2.1.8}$$

而函数相对于时间的空间导数则是一空间描述的函数 $f(\boldsymbol{x},t)$ 在固定的空间位置 $\boldsymbol{x}$ 情况下的导数，记作

$$\frac{\partial f}{\partial t}=\left.\frac{\partial f\,(\boldsymbol{x},t)}{\partial t}\right|_{\boldsymbol{x}} \tag{2.1.9}$$

由于 $\boldsymbol{x}$ 为 $\boldsymbol{X}$，t 的函数，故用连锁微分法则可得两种导数之间的关系：

$$\frac{\mathrm{d}f}{\mathrm{d}t}=\left.\frac{\partial f\,(\boldsymbol{X},t)}{\partial t}\right|_{\boldsymbol{X}}=\left.\frac{\partial f\,(\boldsymbol{x},t)}{\partial t}\right|_{\boldsymbol{x}}+\left.\frac{\partial f\,(\boldsymbol{x},t)}{\partial \boldsymbol{x}}\right|_{t}\cdot\frac{\mathrm{d}\boldsymbol{x}}{\mathrm{d}t}=\frac{\partial f}{\partial t}+\frac{\partial f}{\partial \boldsymbol{x}}\cdot\boldsymbol{v} \tag{2.1.10}$$

2.2 变 形 陡 度

运动 $\boldsymbol{x}$ 对物质坐标 $\boldsymbol{X}$ 的偏导数叫做**变形陡度**或**变形梯度** (deformation gradient)

$$\boldsymbol{F} = \frac{\partial \boldsymbol{x}(\boldsymbol{X}, t)}{\partial \boldsymbol{X}} \tag{2.2.1}$$

这是一个张量，一般来说是非对称的。它的意义可以这样理解：在参考构形中有两个相邻的粒子 $\boldsymbol{X}$，$\boldsymbol{X} + \mathrm{d}\boldsymbol{X}$；到 t 时刻，这两个粒子在现时构形中的距离是

$$\mathrm{d}\boldsymbol{x} = \boldsymbol{x}(\boldsymbol{X} + \mathrm{d}\boldsymbol{X}, t) - \boldsymbol{x}(\boldsymbol{X}, t)$$

对 $\boldsymbol{x}(\boldsymbol{X} + \mathrm{d}\boldsymbol{X}, t)$ 在 $\boldsymbol{X}$ 点作 Taylor 展开，略去高阶小量，可得

$$\mathrm{d}\boldsymbol{x} = \frac{\partial \boldsymbol{x}}{\partial \boldsymbol{X}} \mathrm{d}\boldsymbol{X} = \boldsymbol{F} \mathrm{d}\boldsymbol{X} \tag{2.2.2}$$

变形陡度 $\boldsymbol{F}$ 是一个线性变换，它把参考构形中粒子 $\boldsymbol{X}$ 的邻域映入现时构形 $\boldsymbol{x}$ 的邻域中，或者说 $\boldsymbol{F}$ 把初始的微段 $\mathrm{d}\boldsymbol{X}$ 变换到现时的微段 $\mathrm{d}\boldsymbol{x}$。因此 $\boldsymbol{F}$ 刻画了整个变形过程，它一方面使 $\mathrm{d}\boldsymbol{X}$ 伸长，同时又使它旋转一个角度 (图 2.2.1)。在现代连续介质力学的变形描述中，$\boldsymbol{F}$ 起着核心作用。

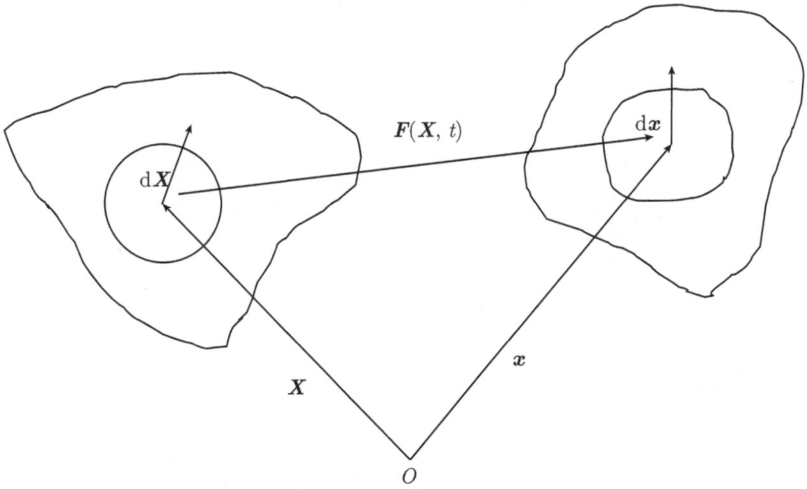

图 2.2.1

也可以把 $\boldsymbol{x} = \boldsymbol{x}(\boldsymbol{X}, t)$ 看成在一特定时刻 t 从物质坐标 $\boldsymbol{X}$ 到空间坐标 $\boldsymbol{x}$ 的变换，而 $\boldsymbol{F}$ 就是变换系数矩阵：

$$\mathrm{d}x_i = F_{iL} \mathrm{d}X_L, \quad F_{iL} = \frac{\partial x_i}{\partial X_L} \tag{2.2.3}$$

这个坐标变换的 Jacobean 行列式 J 正好是变形前后微体体积之比：

$$J = \det(\boldsymbol{F}) = \frac{\partial(x_1, x_2, x_3)}{\partial(X_1, X_2, X_3)} = \frac{\mathrm{d}v}{\mathrm{d}V} \tag{2.2.4}$$

$\boldsymbol{F}$ 对 $\boldsymbol{X}$ 的邻域的映射体积总是正的，不可能把初始体积经过变形成为零，也不可能把初始体积变成无限大，因此要求：

$$0 < \boldsymbol{J} < \infty \tag{2.2.5}$$

这就表示矩阵 $\boldsymbol{F}$ 是非奇异的，即可逆。因而有逆 $\boldsymbol{F}^{-1}$，满足：

$$\boldsymbol{F}\boldsymbol{F}^{-1} = \boldsymbol{I}, \quad \frac{\partial x_i}{\partial X_L}\frac{\partial X_L}{\partial x_j} = \delta_{ij} \tag{2.2.6}$$

$$\boldsymbol{F}^{-1} = \frac{\partial \boldsymbol{X}}{\partial \boldsymbol{x}}, \quad F_{Li}^{-1} = \frac{\partial X_L}{\partial x_i} \tag{2.2.7}$$

2.3　变形陡度的极分解

变形陡度既是可逆张量，就可以按式 (1.1.10) 作极分解：

$$\boldsymbol{F} = \boldsymbol{Q}\boldsymbol{U} = \boldsymbol{V}\boldsymbol{Q} \tag{2.3.1}$$

式中, $\boldsymbol{Q}$ 是正交张量，$\boldsymbol{U}$ 和 $\boldsymbol{V}$ 是正定对称张量。其主值为正，故其行列式总是正的，而 $\boldsymbol{F}$ 的行列式由式 (2.2.5) 可知也是正的：

$$\det \boldsymbol{F} = \det \boldsymbol{Q} \det \boldsymbol{U} = \det \boldsymbol{V} \det \boldsymbol{Q} > 0 \tag{2.3.2}$$

因此 $\det \boldsymbol{Q} = +1$，$\boldsymbol{Q}$ 代表一个纯转动 (无反射)。用 $\boldsymbol{R}$ 来记：

$$\boldsymbol{F} = \boldsymbol{R}\boldsymbol{U} = \boldsymbol{V}\boldsymbol{R}, \quad F_{iL} = R_{im}U_{mL} = V_{ij}R_{jL} \tag{2.3.3}$$

因 $\boldsymbol{U}$，$\boldsymbol{V}$ 相似，有相同的实主值，设其中之一为 λ，则 $\boldsymbol{U}^2$ 的主值为 λ^2。设在物质坐标中初始的主轴方向为 $\boldsymbol{N}$，取 $\boldsymbol{N} = \dfrac{\mathrm{d}\boldsymbol{X}}{|\mathrm{d}\boldsymbol{X}|} = \dfrac{\mathrm{d}\boldsymbol{X}}{\mathrm{d}S}$，则

$$\lambda^2 = \boldsymbol{N}^{\mathrm{T}}\boldsymbol{U}^2\boldsymbol{N} = \boldsymbol{N}^{\mathrm{T}}\boldsymbol{F}^{\mathrm{T}}\boldsymbol{F}\boldsymbol{N} = \left[\frac{\boldsymbol{F}\mathrm{d}\boldsymbol{X}}{\mathrm{d}S} \cdot \frac{\boldsymbol{F}\mathrm{d}\boldsymbol{X}}{\mathrm{d}S}\right] = \left[\frac{\mathrm{d}\boldsymbol{x} \cdot \mathrm{d}\boldsymbol{x}}{\mathrm{d}S^2}\right] = \frac{\mathrm{d}s^2}{\mathrm{d}S^2} \tag{2.3.4}$$

所以 $\lambda = \dfrac{\mathrm{d}s}{\mathrm{d}S} \equiv r$ 表示在主轴方向 $\boldsymbol{N}$上微段的伸长比 (stretch)，设变形后的主轴方向为 $\boldsymbol{n}$，则由式 (1.10.10) 可见

$$\boldsymbol{n} = \boldsymbol{R}\boldsymbol{N} \tag{2.3.5}$$

所以 $\boldsymbol{R}$ 表示主轴的转动。

可以把变形过程分解为两个步骤，在 $\boldsymbol{F}$ 作右分解时

$$\mathrm{d}\boldsymbol{x} = \boldsymbol{R}\boldsymbol{U}\mathrm{d}\boldsymbol{X} \tag{2.3.6}$$

可解释为 (图 2.3.1)：第一步是张量 $\boldsymbol{U}$ 使微段 $\mathrm{d}\boldsymbol{X}$ 伸长 (一般而言同时伴有微段的旋转，只有 $\boldsymbol{U}$ 的主轴上的微段只伸长而无旋转)；第二步是主轴转动张量 $\boldsymbol{R}$ 使 $\boldsymbol{U}$ 的主轴连同已伸长的微段 $\mathrm{d}\boldsymbol{X}'$ 转动一角度至变形后主轴 $\boldsymbol{n}$ 和微段的终了位置 $\mathrm{d}\boldsymbol{x}$。

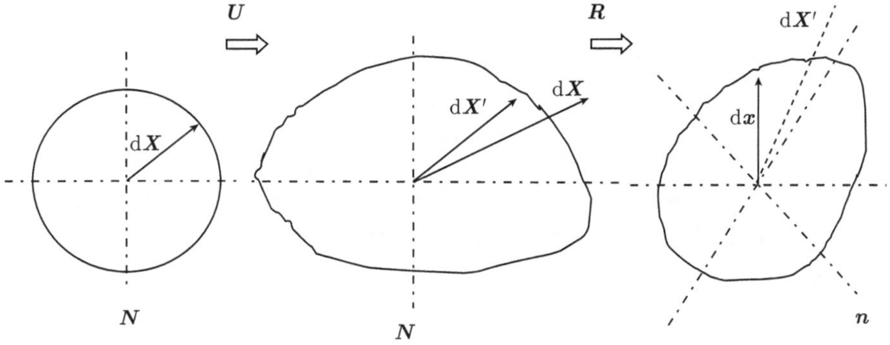

图 2.3.1

也可以按左分解进行 (图 2.3.2)

$$\mathrm{d}\boldsymbol{x} = \boldsymbol{V}\boldsymbol{R}\mathrm{d}\boldsymbol{X} \tag{2.3.7}$$

即主轴转动张量 $\boldsymbol{R}$ 把微段 $\mathrm{d}\boldsymbol{X}$ 旋转一角度至 $\mathrm{d}\boldsymbol{x}'$，然后由张量 $\boldsymbol{V}$ 加以伸长成为 $\mathrm{d}\boldsymbol{x}$(伴有转动)。$\boldsymbol{U}$ 叫做右伸缩张量，$\boldsymbol{V}$ 叫做左伸缩张量。

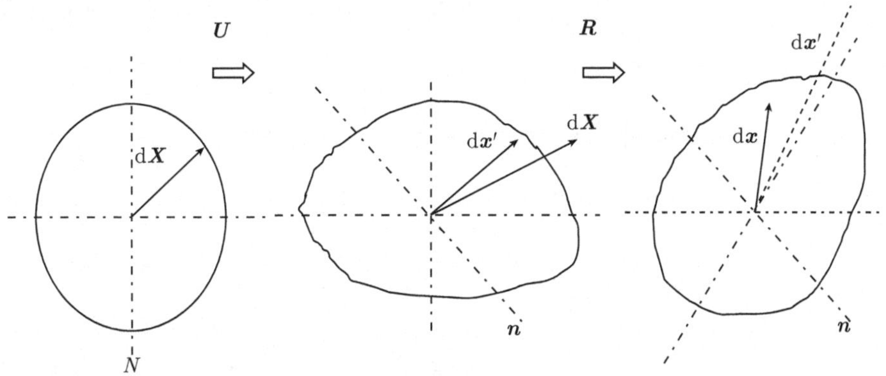

图 2.3.2

没有伸缩只有刚体转动时：$\boldsymbol{U}=\boldsymbol{V}=\boldsymbol{I}$。

没有转动只有纯变形时：$\boldsymbol{R}=\boldsymbol{I}$。

2.4 应　　变

应变是不计及刚体转动效应的变形量度。

常用的工程应变 ε 是微段在变形后相对于变形前长度的伸长度：

$$\varepsilon=\frac{\mathrm{d}s-\mathrm{d}S}{\mathrm{d}S}=r-1 \tag{2.4.1}$$

这里，$r=\dfrac{\mathrm{d}s}{\mathrm{d}S}$ 是微段的伸长比。为了描述一点邻域中应变的全貌，需要把式 (2.4.1) 张量化：

$$\boldsymbol{\varepsilon}=\boldsymbol{U}-\boldsymbol{I} \tag{2.4.2}$$

容易看到工程应变张量 $\boldsymbol{\varepsilon}$ 在主方向的法分量即是式 (2.4.1)。由于 $\boldsymbol{U}$ 是 $\boldsymbol{F}^{\mathrm{T}}\boldsymbol{F}$ 的平方根，故要把 $\boldsymbol{\varepsilon}$ 的分量用变形陡度的分量表出时计算较复杂。在有限变形中另外定义了一种 Green 应变：

$$E=\frac{\mathrm{d}s^2-\mathrm{d}S^2}{2\mathrm{d}S^2}=\frac{1}{2}(r^2-1) \tag{2.4.3}$$

由此计算出伸长度

$$\varepsilon=\sqrt{1+2E}-1 \tag{2.4.4}$$

而式 (2.4.3) 的张量化为

$$\boldsymbol{E}=\frac{1}{2}(\boldsymbol{U}^2-\boldsymbol{I})=\frac{1}{2}(\boldsymbol{F}^{\mathrm{T}}\boldsymbol{F}-\boldsymbol{I}) \tag{2.4.5}$$

取任意方向 $\boldsymbol{N}_\alpha=\dfrac{\mathrm{d}\boldsymbol{X}_\alpha}{|\mathrm{d}\boldsymbol{X}_\alpha|}$，而 $\mathrm{d}\boldsymbol{x}_\alpha=\boldsymbol{F}\mathrm{d}\boldsymbol{X}_\alpha$，$|\mathrm{d}\boldsymbol{X}_\alpha|=\mathrm{d}\boldsymbol{S}_\alpha$ 和 $|\mathrm{d}\boldsymbol{x}_\alpha|=\mathrm{d}\boldsymbol{s}_\alpha$，则张量 $\boldsymbol{E}$ 任意方向 $\boldsymbol{N}_\alpha$ 的法向分量为

$$\begin{aligned}E_{\alpha\alpha}&=\boldsymbol{N}_\alpha^{\mathrm{T}}\boldsymbol{E}\boldsymbol{N}_\alpha=\boldsymbol{N}_\alpha^{\mathrm{T}}\frac{\boldsymbol{F}^{\mathrm{T}}\boldsymbol{F}-\boldsymbol{I}}{2}\boldsymbol{N}_\alpha\\&=\frac{\mathrm{d}s_\alpha^2-\mathrm{d}S_\alpha^2}{2\mathrm{d}S_\alpha^2}=\frac{1}{2}(r_\alpha^2-1)=\frac{1}{2}\{(1+\varepsilon_\alpha)^2-1\}\end{aligned} \tag{2.4.6}$$

$\boldsymbol{E}$ 在任意两个正交方向的切分量是

$$\begin{aligned}E_{\alpha\beta}&=\boldsymbol{N}_\alpha^{\mathrm{T}}\boldsymbol{E}\boldsymbol{N}_\beta=\frac{\mathrm{d}\boldsymbol{x}_\alpha\cdot\mathrm{d}\boldsymbol{x}_\beta}{2\mathrm{d}S_\alpha\mathrm{d}S_\beta}-\frac{\mathrm{d}\boldsymbol{X}_\alpha\cdot\mathrm{d}\boldsymbol{X}_\beta}{2\mathrm{d}S_\alpha\mathrm{d}S_\beta}\\&=\frac{1}{2}r_\alpha r_\beta\cos(\boldsymbol{n}_\alpha\cdot\boldsymbol{n}_\beta)\end{aligned} \tag{2.4.7}$$

因此 $\boldsymbol{E}$ 的法分量可以描述轴向的伸长度，切分量可以描述二垂直轴间的角度的变化。矩阵 $\boldsymbol{E}$ 的对角线分量叫做正 (法) 应变，交叉分量叫做剪 (切) 应变。

引入位移向量 $\boldsymbol{w}$

$$\boldsymbol{w} = \boldsymbol{x} - \boldsymbol{X} \tag{2.4.8}$$

可得位移陡度为

$$\boldsymbol{H} = \frac{\partial \boldsymbol{w}}{\partial \boldsymbol{X}} = \boldsymbol{F} - \boldsymbol{I}, \quad H_{iM} = \frac{\partial w_i}{\partial X_M} \tag{2.4.9}$$

于是可得出用位移陡度表示的 Green 应变，由式 (2.4.5)

$$\boldsymbol{E} = \frac{1}{2}(\boldsymbol{H}^{\mathrm{T}} + \boldsymbol{H}) + \frac{1}{2}\boldsymbol{H}^{\mathrm{T}}\boldsymbol{H} \tag{2.4.10}$$

$$E_{LM} = \frac{1}{2}\left(\frac{\partial w_L}{\partial X_M} + \frac{\partial w_M}{\partial X_L}\right) + \frac{1}{2}\left(\frac{\partial w_K}{\partial X_L} \cdot \frac{\partial w_K}{\partial X_M}\right)$$

前面一项是线性的，后面三项是非线性的 (K 求和)。当位移陡度远小于 1 时，非线性部分小得可以略去，留下的是线性应变：

$$E_{LM} = \frac{1}{2}\left(\frac{\partial w_L}{\partial X_M} + \frac{\partial w_M}{\partial X_L}\right) \tag{2.4.11}$$

通常并不适切地叫做无限小应变，而是把式 (2.4.10) 叫做有限应变。

2.5 伸缩率和转动率

下面研究一个粒子 $\boldsymbol{X}$ 邻域的变形陡度随时间的变化率。

$$\dot{\boldsymbol{F}} = \frac{\mathrm{d}\boldsymbol{F}}{\mathrm{d}t} = \frac{\mathrm{d}}{\mathrm{d}t}\frac{\partial \boldsymbol{x}}{\partial \boldsymbol{X}} = \frac{\partial}{\partial \boldsymbol{X}}\frac{\mathrm{d}\boldsymbol{x}}{\mathrm{d}t} = \frac{\partial \dot{\boldsymbol{x}}}{\partial \boldsymbol{X}} = \frac{\partial \dot{\boldsymbol{x}}}{\partial \boldsymbol{x}}\frac{\partial \boldsymbol{x}}{\partial \boldsymbol{X}} = \boldsymbol{L}\boldsymbol{F} \tag{2.5.1}$$

这里，$\boldsymbol{L}$ 是在空间坐标中速度场的陡度：

$$\boldsymbol{L} = \frac{\partial \dot{\boldsymbol{x}}}{\partial \boldsymbol{x}} = \dot{\boldsymbol{F}}\boldsymbol{F}^{-1}, \quad L_{ij} = \frac{\partial v_i}{\partial x_j} \tag{2.5.2}$$

可以把它作和分解：

$$\boldsymbol{L} = \boldsymbol{D} + \boldsymbol{W} \tag{2.5.2$'$}$$

$$\boldsymbol{D} = \frac{1}{2}(\boldsymbol{L} + \boldsymbol{L}^{\mathrm{T}}), \quad D_{ij} = \frac{1}{2}\left(\frac{\partial v_i}{\partial x_j} + \frac{\partial v_j}{\partial x_i}\right)$$

$$\boldsymbol{W} = \frac{1}{2}(\boldsymbol{L} - \boldsymbol{L}^{\mathrm{T}}), \quad W_{ij} = \frac{1}{2}\left(\frac{\partial v_i}{\partial x_j} - \frac{\partial v_j}{\partial x_i}\right) \tag{2.5.3}$$

也可以另外的观点来考察速度场陡度。假定把 t 时刻物体的构形作为参考构形，来研究距 t 不久的 τ 时刻构形的变形陡度 $\boldsymbol{F}_t(\tau)$。设在 t 时刻位于 $\boldsymbol{x}$ 的粒子 $\boldsymbol{X}$ 到 τ 时刻位于 ξ，则有

$$\boldsymbol{F}_t(\tau)=\frac{\partial\xi}{\partial\boldsymbol{x}}=\frac{\partial\xi}{\partial\boldsymbol{X}}\frac{\partial\boldsymbol{X}}{\partial\boldsymbol{x}}=\boldsymbol{F}(\tau)\boldsymbol{F}(t)^{-1}\tag{2.5.4}$$

这里，$\boldsymbol{F}(\tau)=\dfrac{\partial\boldsymbol{\xi}}{\partial\boldsymbol{X}}$ 为 τ 时刻构形相对于初始参考构形的变形陡度，而 $\boldsymbol{F}(t)=\dfrac{\partial\boldsymbol{x}}{\partial\boldsymbol{X}}$ 即通常的 t 时刻构形的变形陡度。

求 $\boldsymbol{F}_t(\tau)$ 对时间 τ 的导数，且计算其在 $\tau=t$ 时的值：

$$\dot{\boldsymbol{F}}_t(t)=\left.\frac{\mathrm{d}\boldsymbol{F}_t(\tau)}{\mathrm{d}\tau}\right|_{\tau=t}=\dot{\boldsymbol{F}}(t)\boldsymbol{F}^{-1}(t)=\dot{\boldsymbol{F}}\boldsymbol{F}^{-1}=\boldsymbol{L}\tag{2.5.5}$$

可见速度场陡度正好是按流动参考构形 (即时参考构形) 来计算的变形陡度的时间变化率。

把张量 $\boldsymbol{F}_t(\tau)$ 作极分解：

$$\boldsymbol{F}_t(\tau)=\boldsymbol{R}_t(\tau)\boldsymbol{U}_t(\tau)\tag{2.5.6}$$

求其时间导数并取 $\tau=t$，

$$\dot{\boldsymbol{F}}_t(t)=\boldsymbol{R}_t(t)\dot{\boldsymbol{U}}_t(t)+\dot{\boldsymbol{R}}_t(t)\boldsymbol{U}_t(t)\tag{2.5.7}$$

注意到 $\boldsymbol{F}_t(t)=\boldsymbol{R}_t(t)=\boldsymbol{U}_t(t)=\boldsymbol{I}$，故有

$$\dot{\boldsymbol{F}}_t(t)=\dot{\boldsymbol{U}}_t(t)+\dot{\boldsymbol{R}}_t(t)\tag{2.5.8}$$

因 $\boldsymbol{U}_t(\tau)$ 对称，故 $\dot{\boldsymbol{U}}_t(t)$ 也必对称。$\boldsymbol{R}_t(\tau)$ 正交，即

$$\boldsymbol{R}_t(\tau)\boldsymbol{R}_t(\tau)^{\mathrm{T}}=\boldsymbol{I}\tag{2.5.9}$$

对 τ 微商并令 $\tau=t$，

$$\dot{\boldsymbol{R}}_t(t)\boldsymbol{R}_t(t)^{\mathrm{T}}+\boldsymbol{R}_t(t)\dot{\boldsymbol{R}}_t(t)^{\mathrm{T}}=0\tag{2.5.10}$$

$$\dot{\boldsymbol{R}}_t(t)=-\dot{\boldsymbol{R}}_t(t)^{\mathrm{T}}\tag{2.5.11}$$

因此 $\dot{\boldsymbol{R}}_t(t)$ 是反对称的。这样从式 (2.5.6) 的极分解经过求时间变化率变成和分解式 (2.5.8)。由于和分解是唯一的，比较 $\boldsymbol{L}=\dot{\boldsymbol{F}}_t(t)$ 的和分解：

$$\boldsymbol{L}=\boldsymbol{D}+\boldsymbol{W}$$

可知

$$\begin{aligned}&\boldsymbol{D}=\dot{\boldsymbol{U}}_t(t)\qquad(\text{伸缩率 (stretching) 张量})\\&\boldsymbol{W}=\dot{\boldsymbol{R}}_t(t)\qquad(\text{转动率 (spin) 张量})\end{aligned}\tag{2.5.12}$$

其中，$\boldsymbol{W}$ 表示 $\boldsymbol{D}$ 的主轴的转动角速度。

2.6 应 变 率

把 Green 应变对时间求物质导数

$$\dot{\boldsymbol{E}}=\frac{\mathrm{d}\boldsymbol{E}}{\mathrm{d}t}=\frac{1}{2}(\boldsymbol{F}^{\mathrm{T}}\dot{\boldsymbol{F}}+\dot{\boldsymbol{F}}^{\mathrm{T}}\boldsymbol{F})=\frac{1}{2}[\boldsymbol{F}^{\mathrm{T}}\dot{\boldsymbol{F}}\boldsymbol{F}^{-1}\boldsymbol{F}+\boldsymbol{F}^{\mathrm{T}}(\boldsymbol{F}^{\mathrm{T}})^{-1}\dot{\boldsymbol{F}}^{\mathrm{T}}\boldsymbol{F}]$$

$$=\frac{1}{2}[\boldsymbol{F}^{\mathrm{T}}(\dot{\boldsymbol{F}}\boldsymbol{F}^{-1})\boldsymbol{F}+\boldsymbol{F}^{\mathrm{T}}(\dot{\boldsymbol{F}}\boldsymbol{F}^{-1})^{\mathrm{T}}\boldsymbol{F}]=\boldsymbol{F}^{\mathrm{T}}\left(\frac{\boldsymbol{L}+\boldsymbol{L}^{\mathrm{T}}}{2}\right)\boldsymbol{F}=\boldsymbol{F}^{\mathrm{T}}\boldsymbol{D}\boldsymbol{F} \tag{2.6.1}$$

这是相对于初始参考构形的应变率。也可以求出对流动参考构形的应变率:

$$\dot{\boldsymbol{E}}_t(t)=\frac{\mathrm{d}\boldsymbol{E}_t(\tau)}{\mathrm{d}\tau}=\frac{1}{2}[\boldsymbol{F}_t(t)^{\mathrm{T}}\dot{\boldsymbol{F}}_t(t)+\dot{\boldsymbol{F}}_t(t)^{\mathrm{T}}\boldsymbol{F}_t(t)]$$

$$=\frac{1}{2}[\dot{\boldsymbol{F}}_t(t)+\dot{\boldsymbol{F}}_t(t)^{\mathrm{T}}]=\frac{1}{2}(\boldsymbol{L}+\boldsymbol{L}^{\mathrm{T}})=\boldsymbol{D} \tag{2.6.2}$$

因此伸缩率正好是相对于流动参考构形的应变率。

2.7 体积的相对变化率、连续方程

体积的相对变化率或者体积应变有几种办法来规定。工程体积应变是以初始参考构形为基准的:

$$\varDelta=\frac{\mathrm{d}v-\mathrm{d}V}{\mathrm{d}V} \tag{2.7.1}$$

也可以有一种以流动参考构形为基准的瞬时体积应变:

$$\varDelta_t(\tau)=\frac{\mathrm{d}v(\tau)-\mathrm{d}v(t)}{\mathrm{d}v(t)} \tag{2.7.2}$$

体积相对变化率或体积应变率是

$$\dot{\varDelta}_t(t)=\left.\frac{\mathrm{d}}{\mathrm{d}\tau}\varDelta_t(\tau)\right|_{\tau=t}=\left.\frac{\mathrm{d}}{\mathrm{d}\tau}\frac{\mathrm{d}v(\tau)-\mathrm{d}v(t)}{\mathrm{d}v(t)}\right|_{\tau=t}=\frac{\mathrm{d}(\mathrm{d}v)}{(\mathrm{d}v)\mathrm{d}t}=\frac{1}{\mathrm{d}v}\frac{\mathrm{d}}{\mathrm{d}t}(J\mathrm{d}v)$$

$$=\frac{\mathrm{d}V}{\mathrm{d}v}\frac{\partial\det\boldsymbol{F}}{\partial\boldsymbol{F}}\cdot\frac{\mathrm{d}\boldsymbol{F}}{\mathrm{d}t}=\frac{1}{J}J(\boldsymbol{F}^{-1})^{\mathrm{T}}\cdot\dot{\boldsymbol{F}}=(\boldsymbol{F}^{-1})^{\mathrm{T}}\cdot\boldsymbol{L}\boldsymbol{F}$$

$$=(\boldsymbol{F}^{-1})^{\mathrm{T}}\boldsymbol{F}^{\mathrm{T}}\cdot\boldsymbol{L}=\boldsymbol{I}\cdot\boldsymbol{L}=\mathrm{tr}\boldsymbol{L}=\mathrm{tr}\boldsymbol{D} \tag{2.7.3}$$

而

$$\mathrm{tr}\boldsymbol{D}=\frac{\partial v_1}{\partial x_1}+\frac{\partial v_2}{\partial x_2}+\frac{\partial v_3}{\partial x_3}=\mathrm{div}\,\boldsymbol{v} \tag{2.7.4}$$

所以

$$\dot{\varDelta}_t=\mathrm{div}\,\boldsymbol{v} \tag{2.7.5}$$

在变形前后微体质量守恒:

$$\rho \mathrm{d}v = \rho_0 \mathrm{d}V \tag{2.7.6}$$

所以

$$\frac{\rho_0}{\rho} = \frac{\mathrm{d}v}{\mathrm{d}V} = J \tag{2.7.7}$$

式 (2.7.6) 也可以写为

$$\frac{\mathrm{d}}{\mathrm{d}t}(\rho \mathrm{d}v) = 0 \tag{2.7.8}$$

展开得

$$\dot{\rho}\mathrm{d}v + \frac{\rho \mathrm{d}}{\mathrm{d}t}(\mathrm{d}v) = 0, \quad \frac{\dot{\rho}}{\rho} = -\frac{\mathrm{d}(\mathrm{d}v)}{(\mathrm{d}v)\mathrm{d}t} = -\dot{\varDelta}_t = -\mathrm{div}\,\boldsymbol{v}$$

所以

$$\dot{\rho} + \rho \mathrm{div}\,\boldsymbol{v} = 0 \tag{2.7.9}$$

这就是反映质量守恒的连续方程。

2.8　参考标架的变换

描述物体的运动总是相对于某一个选定的参考系而言的，而参考标架变动时，一些运动学变量都会有相应的变换。

若在一参考系中有一事件 $\{\boldsymbol{x}, t\}$，在另一参考系中表现为 $\{\tilde{\boldsymbol{x}}, \tilde{t}\}$。两系之间有相对运动和时差:

$$\begin{cases} \tilde{\boldsymbol{x}} = \boldsymbol{Q}(t)\boldsymbol{x} + \boldsymbol{c}(t) \\ \tilde{t} = t + \alpha \end{cases} \tag{2.8.1}$$

式中，$\boldsymbol{Q}(t)$ 和 $\boldsymbol{c}(t)$ 表示第一参考系在 t 时刻相对于第二参考系的瞬时转动和移动，α 是两系之间的时差 (参看图 2.8.1)。这种变换和伽利略变换或洛伦兹变换都不同，因为它包含有非惯性运动，且两个事件之间的时间间隔和同一时刻的两个事件之间的空间距离都保持不变。显然由式 (2.8.1) 可见

$$\tilde{t}_2 - \tilde{t}_1 = t_2 - t_1 \tag{2.8.2}$$

$$\tilde{\boldsymbol{x}}_2 - \tilde{\boldsymbol{x}}_1 = \boldsymbol{Q}(t)(\boldsymbol{x}_2 - \boldsymbol{x}_1) \tag{2.8.3}$$

而由式 (2.8.3) 可得

$$\begin{aligned} (\tilde{\boldsymbol{x}}_2 - \tilde{\boldsymbol{x}}_1)\cdot(\tilde{\boldsymbol{x}}_2 - \tilde{\boldsymbol{x}}_1) &= \boldsymbol{Q}(\boldsymbol{x}_2 - \boldsymbol{x}_1)\cdot\boldsymbol{Q}(\boldsymbol{x}_2 - \boldsymbol{x}_1) \\ &= (\boldsymbol{x}_2 - \boldsymbol{x}_1)^{\mathrm{T}}\boldsymbol{Q}^{\mathrm{T}}\boldsymbol{Q}(\boldsymbol{x}_2 - \boldsymbol{x}_1) = (\boldsymbol{x}_2 - \boldsymbol{x}_1)\cdot(\boldsymbol{x}_2 - \boldsymbol{x}_1) \end{aligned} \tag{2.8.4}$$

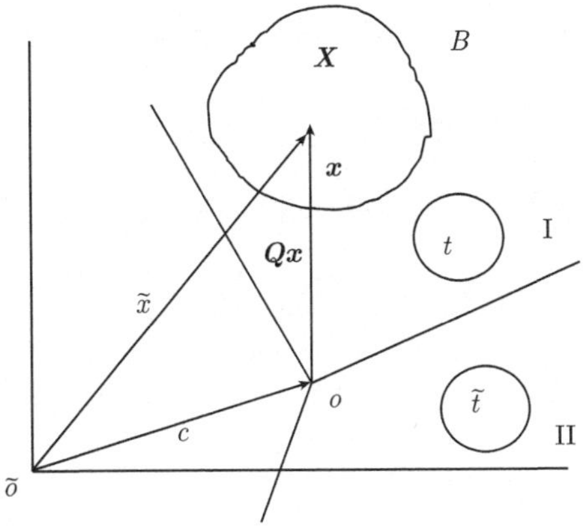

图 2.8.1

任何标量在不同的参考系中是不变的:

$$\tilde{S} = S \tag{2.8.5}$$

任何向量在参考标架变换时, 如和空间距离向量具有同样的变换性质 (式 (2.8.3)), 就叫做**标架无关**。

$$\tilde{\boldsymbol{v}} = \boldsymbol{Q}\boldsymbol{v} \tag{2.8.6}$$

张量 $\boldsymbol{T}$ 可以看成是使一向量 $\boldsymbol{v}$ 映射成另一向量 $\boldsymbol{v}^*$ 的线性变换, $\boldsymbol{v}^* = \boldsymbol{T}\boldsymbol{v}$, 在参考系变换时有

$$\tilde{\boldsymbol{v}}^* = \boldsymbol{Q}\boldsymbol{v}^* = \boldsymbol{Q}\boldsymbol{T}\boldsymbol{v} = (\boldsymbol{Q}\boldsymbol{T}\boldsymbol{Q}^{\mathrm{T}})\tilde{\boldsymbol{v}} = \tilde{\boldsymbol{T}}\tilde{\boldsymbol{v}}$$

因此, 在参考标架变换时张量的变换规律是

$$\tilde{\boldsymbol{T}} = \boldsymbol{Q}\boldsymbol{T}\boldsymbol{Q}^{\mathrm{T}} \tag{2.8.7}$$

可以用这些变换规律来考察已经出现过的张量和向量的变换规律。例如

$$\tilde{\boldsymbol{x}} = \boldsymbol{Q}\boldsymbol{x} + \boldsymbol{c}$$

对 $\boldsymbol{X}$ 求导, 即相对于同一个参考构形求同一物质粒子在参考标架变换前后的变形陡度, 得

$$\tilde{\boldsymbol{F}} = \boldsymbol{Q}\boldsymbol{F} \tag{2.8.8}$$

可见两点张量在参考系变换时不是按张量进行变换的, 而是按向量变换的。对 $\boldsymbol{F}$ 作极分解:

$$\tilde{\boldsymbol{R}}\tilde{\boldsymbol{U}} = \boldsymbol{Q}\boldsymbol{R}\boldsymbol{U}$$

因为 $\boldsymbol{QR}(\boldsymbol{QR})^{\mathrm{T}} = \boldsymbol{QRR}^{\mathrm{T}}\boldsymbol{Q}^{\mathrm{T}} = \boldsymbol{QQ}^{\mathrm{T}} = \boldsymbol{I}$，所以张量 $\boldsymbol{QR}$ 是正交的。由极分解的唯一性，可得

$$\tilde{\boldsymbol{R}} = \boldsymbol{QR}, \quad \tilde{\boldsymbol{U}} = \boldsymbol{U} \tag{2.8.9}$$

可见，转动张量按向量变换，而物质张量 $\boldsymbol{U}$ 按标量变换，从而

$$\boldsymbol{C} = \boldsymbol{U}^2, \quad \boldsymbol{E} = \frac{1}{2}(\boldsymbol{U}^2 - \boldsymbol{I})$$

等物质张量都是按标量变换的。由左分解 $\boldsymbol{F} = \boldsymbol{VR}$ 得到张量 $\boldsymbol{V}$ 在新参考系中为

$$\tilde{\boldsymbol{V}} = \tilde{\boldsymbol{F}}\tilde{\boldsymbol{R}}^{-1} = \boldsymbol{QF}(\boldsymbol{QR})^{-1} = \boldsymbol{QFR}^{-1}\boldsymbol{Q}^{\mathrm{T}} = \boldsymbol{QVQ}^{\mathrm{T}} \tag{2.8.10}$$

因此空间张量 $\boldsymbol{V}$ 是按张量变换的。

对向量的变换，还可以温度陡度为例。对温度的空间陡度

$$\boldsymbol{g} = (\frac{\partial T}{\partial \boldsymbol{x}})^{\mathrm{T}}, \quad \tilde{\boldsymbol{g}} = (\frac{\partial T}{\partial \tilde{\boldsymbol{x}}})^{\mathrm{T}} = (\frac{\partial T}{\partial \boldsymbol{x}}\frac{\partial \boldsymbol{x}}{\partial \tilde{\boldsymbol{x}}})^{\mathrm{T}} = (\boldsymbol{g}^{\mathrm{T}}\boldsymbol{Q}^{\mathrm{T}})^{\mathrm{T}}$$

所以

$$\tilde{\boldsymbol{g}} = \boldsymbol{Qg} \tag{2.8.11}$$

而对温度的物质陡度，则有

$$\boldsymbol{G} = (\frac{\partial T}{\partial \boldsymbol{X}})^{\mathrm{T}} = (\frac{\partial T}{\partial \boldsymbol{x}}\frac{\partial \boldsymbol{x}}{\partial \boldsymbol{X}})^{\mathrm{T}} = \boldsymbol{F}^{\mathrm{T}}\boldsymbol{g}$$

所以

$$\tilde{\boldsymbol{G}} = \tilde{\boldsymbol{F}}^{\mathrm{T}}\tilde{\boldsymbol{g}} = (\boldsymbol{QF})^{\mathrm{T}}\boldsymbol{Qg} = \boldsymbol{F}^{\mathrm{T}}\boldsymbol{g} = \boldsymbol{G} \tag{2.8.12}$$

因而温度的空间陡度按向量变换，而物质陡度按标量变换。

从上面所举的例子，可以得到一些规律性的认识，即在参考坐标变换时，各种不含时间的量按下列规律变换：

两点张量 $\boldsymbol{F}(F_{il})$，$\boldsymbol{R}(R_{il})$ 按向量变换；

空间向量 $\boldsymbol{t}(t_i)$，$\boldsymbol{n}(n_i)$，$\boldsymbol{g}(g_i)$ 按向量变换；

空间张量 $\boldsymbol{V}(V_{il})$，$\boldsymbol{\sigma}(\sigma_{il})$ 按张量变换；

物质向量 $\boldsymbol{G}(G_L)$ 按标量变换；

物质张量 $\boldsymbol{U}(U_{LM})$，$\boldsymbol{E}(E_{LM})$ 按标量变换。

然而，各种量的变化率的变换律却不是这样。例如，粒子的速度可由式 (2.8.1) 连续对时间求导得出

$$\dot{\tilde{\boldsymbol{x}}} = \boldsymbol{Q}\dot{\boldsymbol{x}} + \dot{\boldsymbol{c}} + \dot{\boldsymbol{Q}}\boldsymbol{x} = \boldsymbol{Q}\dot{\boldsymbol{x}} + \dot{\boldsymbol{c}} + \boldsymbol{A}(\tilde{\boldsymbol{x}} - \boldsymbol{c}) \tag{2.8.13}$$

$$\ddot{\tilde{\boldsymbol{x}}} = \boldsymbol{Q}\ddot{\boldsymbol{x}} + \ddot{\boldsymbol{c}} + \dot{\boldsymbol{Q}}\dot{\boldsymbol{x}} + \boldsymbol{A}(\dot{\tilde{\boldsymbol{x}}} - \dot{\boldsymbol{c}}) + \dot{\boldsymbol{A}}(\tilde{\boldsymbol{x}} - \boldsymbol{c})$$

$$= \boldsymbol{Q}\ddot{\boldsymbol{x}} + \ddot{\boldsymbol{c}} + \dot{\boldsymbol{Q}}\dot{\boldsymbol{x}} + 2\boldsymbol{A}(\dot{\tilde{\boldsymbol{x}}} - \dot{\boldsymbol{c}}) + (\dot{\boldsymbol{A}} - \boldsymbol{A}^2)(\tilde{\boldsymbol{x}} - \boldsymbol{c}) \tag{2.8.14}$$

式中，$\boldsymbol{A} = \dot{\boldsymbol{Q}}\boldsymbol{Q}^{\mathrm{T}}$ 是一个反对称张量。因为

$$\boldsymbol{Q}\boldsymbol{Q}^{\mathrm{T}} = \boldsymbol{I}$$

所以

$$\dot{\boldsymbol{Q}}\boldsymbol{Q}^{\mathrm{T}} = -\boldsymbol{Q}\dot{\boldsymbol{Q}}^{\mathrm{T}}$$

因此 $\boldsymbol{A}^{\mathrm{T}} = (\dot{\boldsymbol{Q}}\boldsymbol{Q}^{\mathrm{T}})^{\mathrm{T}} = \boldsymbol{Q}\dot{\boldsymbol{Q}}^{\mathrm{T}} = -\dot{\boldsymbol{Q}}\boldsymbol{Q}^{\mathrm{T}} = -\boldsymbol{A}$，可见速度和加速度不符合一般的向量变换规律。因此，要使动量均衡方程在非惯性系统保持惯性系统中的形式，就要对加速度重新定义，使它成为符合向量变换规律的标架无关量，即把加速度定义为

$$\tilde{\boldsymbol{a}} = \ddot{\tilde{\boldsymbol{x}}} - \ddot{\boldsymbol{c}} + (\boldsymbol{A}^2 - \dot{\boldsymbol{A}})(\tilde{\boldsymbol{x}} - \boldsymbol{c}) - 2\boldsymbol{A}(\dot{\tilde{\boldsymbol{x}}} - \dot{\boldsymbol{c}}) \tag{2.8.15}$$

对于速度场陡度 $\boldsymbol{L}$，伸缩率 $\boldsymbol{D}$，转动率 $\boldsymbol{W}$ 等也要加以考察。因为 $\boldsymbol{L} = \dot{\boldsymbol{F}}\boldsymbol{F}^{-1}$，有

$$\begin{aligned}\tilde{\boldsymbol{L}} &= \dot{\tilde{\boldsymbol{F}}}\tilde{\boldsymbol{F}}^{-1} = (\boldsymbol{Q}\dot{\boldsymbol{F}} + \dot{\boldsymbol{Q}}\boldsymbol{F})(\boldsymbol{Q}\boldsymbol{F})^{-1} \\ &= \boldsymbol{Q}\dot{\boldsymbol{F}}\boldsymbol{F}^{-1}\boldsymbol{Q}^{\mathrm{T}} + \dot{\boldsymbol{Q}}\boldsymbol{F}\boldsymbol{F}^{-1}\boldsymbol{Q}^{\mathrm{T}}\end{aligned}$$

所以 $\boldsymbol{L}$ 的变换规律是

$$\tilde{\boldsymbol{L}} = \boldsymbol{Q}\boldsymbol{L}\boldsymbol{Q}^{\mathrm{T}} + \boldsymbol{A} \tag{2.8.16}$$

对 $\tilde{\boldsymbol{L}}$ 作和分解

$$\tilde{\boldsymbol{D}} + \tilde{\boldsymbol{W}} = \boldsymbol{Q}\boldsymbol{D}\boldsymbol{Q}^{\mathrm{T}} + \boldsymbol{Q}\boldsymbol{W}\boldsymbol{Q}^{\mathrm{T}} + \boldsymbol{A}$$

考虑到 $(\boldsymbol{Q}\boldsymbol{W}\boldsymbol{Q}^{\mathrm{T}} + \boldsymbol{A})$ 是反对称张量，由和分解的唯一性可得

$$\tilde{\boldsymbol{D}} = \boldsymbol{Q}\boldsymbol{D}\boldsymbol{Q}^{\mathrm{T}} \tag{2.8.17}$$

$$\tilde{\boldsymbol{W}} = \boldsymbol{Q}\boldsymbol{W}\boldsymbol{Q}^{\mathrm{T}} + \boldsymbol{A} \tag{2.8.18}$$

(在 $\tilde{\boldsymbol{x}}$ 系中的旋转率 = 在 $\boldsymbol{x}$ 系中的旋转率 $+\boldsymbol{x}$ 系对 $\tilde{\boldsymbol{x}}$ 系的旋转率) 所以，如果让 $\boldsymbol{L}$，$\boldsymbol{W}$ 一类非标架无关量进入本构方程，会破坏本构方程的不变性，就要引起麻烦。

第3章　动力学分析

3.1　Cauchy 应力、真应力

考虑在 τ 时刻物体 B 所取的构形 $\boldsymbol{x}$ 中切出一部分 P。作用在 P 上的力可以分解成两部分。一部分是单位质量上所受到的外部作用的力 $\boldsymbol{b}(\boldsymbol{x},\boldsymbol{\tau})$ 的总和，叫做体积力。

$$\boldsymbol{f}_b=\int_P\rho\boldsymbol{b}\mathrm{d}v \tag{3.1.1}$$

另一部分是作用在 P 的表面 ∂P 的单位面积内力 $\boldsymbol{t}$ 的总和，叫做表面力或接触力。

$$\boldsymbol{f}_c=\int_{\partial P}\boldsymbol{t}\mathrm{d}a \tag{3.1.2}$$

这个内力是分子间力的统计平均值即应力向量，它依赖于接触面积 $\mathrm{d}a$ 的指向 $\boldsymbol{n}$:

$$\boldsymbol{t}=\boldsymbol{f}(\boldsymbol{n}) \tag{3.1.3}$$

可以证明这种依赖关系是线性的。

现在把 P 取成一个四面体 (图 3.1.1)，有三个面是坐标面 $\boldsymbol{n}^{(1)}\mathrm{d}a_1$，$\boldsymbol{n}^{(2)}\mathrm{d}a_2$，$\boldsymbol{n}^{(3)}\mathrm{d}a_3$, 第四个面是 $\boldsymbol{n}\mathrm{d}a$；其上各有应力向量 $\boldsymbol{t}^{(1)}$, $\boldsymbol{t}^{(2)}$, $\boldsymbol{t}^{(3)}$, $\boldsymbol{t}$ 的作用，这些向量都以四面体向外为正，正如各个面的指向向量一样。当四面体缩小趋近于其顶点 $\boldsymbol{x}$ 时，由式 (3.1.3) 可知:

$$\boldsymbol{t}=\boldsymbol{f}(\boldsymbol{x},\boldsymbol{n}),\quad \boldsymbol{t}^{(k)}=\boldsymbol{f}(\boldsymbol{x},\boldsymbol{n}^{(k)})\quad (k=1,2,3) \tag{3.1.4}$$

把这些代入牛顿定律

$$\int_P\rho\dot{\boldsymbol{v}}\mathrm{d}v=\int_P\rho\boldsymbol{b}\mathrm{d}v+\int_{\partial P}\boldsymbol{t}\mathrm{d}a$$

中，当 $P\to 0$ 时体积分与面积分比较起来可以忽略。因而留下的只有

$$\boldsymbol{t}\mathrm{d}a+\boldsymbol{t}^{(1)}\mathrm{d}a_1+\boldsymbol{t}^{(2)}\mathrm{d}a_2+\boldsymbol{t}^{(3)}\mathrm{d}a_3=0 \tag{3.1.5}$$

也即

$$\boldsymbol{t}=-(n_1\boldsymbol{t}^{(1)}+n_2\boldsymbol{t}^{(2)}+n_3\boldsymbol{t}^{(3)}) \tag{3.1.6}$$

对于任意的封闭曲面 S，总有

$$\int_S \boldsymbol{n}\mathrm{d}a = 0$$

对于目前的四面体，有

$$\boldsymbol{n}\mathrm{d}a + \boldsymbol{n}^{(1)}\mathrm{d}a_1 + \boldsymbol{n}^{(2)}\mathrm{d}a_2 + \boldsymbol{n}^{(3)}\mathrm{d}a_3 = 0 \tag{3.1.7}$$

也即

$$\boldsymbol{n} = -(n_1\boldsymbol{n}^{(1)} + n_2\boldsymbol{n}^{(2)} + n_3\boldsymbol{n}^{(3)}) \tag{3.1.8}$$

把式 (3.1.8) 代入式 (3.1.4) 的第一式中得

$$\boldsymbol{t} = \boldsymbol{f}(-n_1\boldsymbol{n}^{(1)} - n_2\boldsymbol{n}^{(2)} - n_3\boldsymbol{n}^{(3)}) \tag{3.1.9}$$

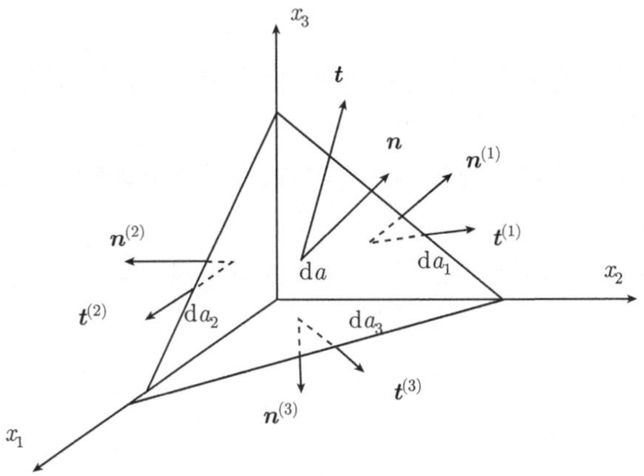

图 3.1.1

当把式 (3.1.4) 的第二式代入式 (3.1.6) 时则有

$$\boldsymbol{t} = -n_1\boldsymbol{f}(\boldsymbol{n}^{(1)}) - n_2\boldsymbol{f}(\boldsymbol{n}^{(2)}) - n_3\boldsymbol{f}(\boldsymbol{n}^{(3)}) \tag{3.1.10}$$

比较式 (3.1.9) 与式 (3.1.10)，可见 $\boldsymbol{f}$ 满足线性变化的性质，因此可以把函数 $\boldsymbol{f}$ 改写成线性变换 $\boldsymbol{\sigma}$：

$$\boldsymbol{t} = \boldsymbol{\sigma}\boldsymbol{n}, \quad \boldsymbol{t}^{(k)} = \boldsymbol{\sigma}\boldsymbol{n}^{(k)} \tag{3.1.11}$$

为明确 $\boldsymbol{\sigma}$ 的物理意义，可写出式 (3.1.11) 第二式的分量形式：

$$t_i^{(k)} = \sigma_{ij}n_j^{(k)} \tag{3.1.12}$$

这里，k 标志着和 x_k 轴垂直的坐标面，$\boldsymbol{n}^{(k)}$ 正是这个坐标面的法线方向的反向，于是 $n_j^{(k)} = -\delta_{jk}$

$$t_i^{(k)} = -\sigma_{ij}\delta_{jk} = -\sigma_{ik} \tag{3.1.13}$$

所以 σ_{ik} 表示作用在 $-x_k$ 方向的坐标面上的应力向量 $\boldsymbol{t}^{(k)}$ 在 $-x_i$ 轴方向的分量。由式 (3.1.11) 第一式可知，当法线 $\boldsymbol{n}$ 反向时，$\boldsymbol{t}$ 也反向。因此，σ_{ik} 同时又表示作用在 $+x_k$ 方向的坐标面上的应力向量在 $+x_i$ 轴方向的分量。当 $i=k$ 时，σ_{ii} 表示 x_i 轴方向的正应力 (拉力为正)；当 $i \neq k$ 时，σ_{ik} 表示切应力。

要注意这里定义的应力是单位流动面积 (即变形中的面积) 上的接触力，是**真应力**，和通常工程上所用的名义应力 (即单位初始面积上的接触力) 是不同的。

从动量矩守恒定理容易证明应力张量 $\boldsymbol{\sigma}$ 是对称张量

$$\boldsymbol{\sigma}=\boldsymbol{\sigma}^{\mathrm{T}}, \quad \sigma_{ij}=\sigma_{ji} \tag{3.1.14}$$

3.2 Piola-Kirchhoff 应力

Cauchy 应力是一种基于现时构形中单位变形后面积的应力，是一种空间 (Euler) 描述。在解决实际问题时常需要列出变形中物体的边界条件，而在空间描述中，物体边界一般不能事先知道，而要由问题的解来确定。如果场方程是在物质坐标中写出的，物体的边界位置在初始时刻是已知的，因之可以避免上述困难，为此要求对应力做出物质描述。

先要看一下现时微面 $\mathrm{d}\boldsymbol{a}$ 是怎样在变形过程中由初始微面 $\mathrm{d}\boldsymbol{A}$ 变换过来的。

设 $\mathrm{d}\boldsymbol{a}$ 是由二微段 $\mathrm{d}\boldsymbol{x}$，$\mathrm{d}\boldsymbol{x}'$ 组成的平行四边形，则

$$\mathrm{d}\boldsymbol{a}=\mathrm{d}\boldsymbol{x}\times\mathrm{d}\boldsymbol{x}'=\begin{vmatrix} \boldsymbol{e}_1 & \boldsymbol{e}_2 & \boldsymbol{e}_3 \\ \mathrm{d}x_1 & \mathrm{d}x_2 & \mathrm{d}x_3 \\ \mathrm{d}x_1' & \mathrm{d}x_2' & \mathrm{d}x_3' \end{vmatrix} \tag{3.2.1}$$

其分量形式为

$$\mathrm{d}a_k=\varepsilon_{ijk}\mathrm{d}x_i\mathrm{d}x_j'=\varepsilon_{ijk}F_{iL}\mathrm{d}X_L\,F_{jM}\mathrm{d}X_M' \tag{3.2.2}$$

两边乘以 $\boldsymbol{F}_{Nk}^{\mathrm{T}}=\boldsymbol{F}_{kN}$

$$F_{Nk}^{\mathrm{T}}\mathrm{d}a_k=\varepsilon_{ijk}F_{iL}F_{jM}F_{kN}\mathrm{d}X_L\mathrm{d}X_M' \tag{3.2.3}$$

但由式 (2.2.4) 和式 (1.4.8)

$$J=\det\boldsymbol{F}=\frac{1}{3!}\varepsilon_{ijk}\varepsilon_{LMN}F_{iL}F_{jM}F_{kN} \tag{3.2.4}$$

可知

$$\varepsilon_{ijk}F_{iL}F_{jM}F_{kN}=J\varepsilon_{LMN} \tag{3.2.5}$$

故得

$$F_{Nk}^{\mathrm{T}}\mathrm{d}a_k=J\varepsilon_{LMN}\mathrm{d}X_L\mathrm{d}X_M'=J\mathrm{d}A_N \tag{3.2.6}$$

其直接形式为

$$\boldsymbol{F}^{\mathrm{T}}\mathrm{d}\boldsymbol{a} = J\mathrm{d}\boldsymbol{A} \tag{3.2.7}$$

这就是变形前后微面 d$\boldsymbol{A}$ 和 d$\boldsymbol{a}$ 之间的变换关系。此式也可写成：

$$\boldsymbol{n}\mathrm{d}a = J\left(\boldsymbol{F}^{-1}\right)^{\mathrm{T}}\boldsymbol{N}\mathrm{d}A \tag{3.2.8}$$

引入一个新的应力向量 $\boldsymbol{t}^*$，使得

$$\boldsymbol{t}^*\mathrm{d}A = \boldsymbol{t}\mathrm{d}a \tag{3.2.9}$$

即 $\boldsymbol{t}^*$ 是一个作用在 $\boldsymbol{n}$ 面上，方向和 $\boldsymbol{t}$ 相同的应力，但其值是单位变形前面积上的内力 (工程应力)。现在我们的意图是，跟推导 $\boldsymbol{t} = \boldsymbol{\sigma}\boldsymbol{n}$ 平行，寻求一个线性变换 $\boldsymbol{S}$，它可以把变形前微面法线向量 $\boldsymbol{N}$ 变换为映像 $\boldsymbol{t}^*$：

$$\boldsymbol{t}^* = \boldsymbol{S}\boldsymbol{N} \tag{3.2.10}$$

把式 (3.2.10) 代入式 (3.2.9) 后，再由式 (3.2.8) 可得

$$\boldsymbol{S}\boldsymbol{N}\mathrm{d}A = \boldsymbol{\sigma}\boldsymbol{n}\mathrm{d}a = J\boldsymbol{\sigma}(\boldsymbol{F}^{-1})^{\mathrm{T}}\boldsymbol{N}\mathrm{d}A \tag{3.2.11}$$

因此得出

$$\boldsymbol{S} = J\boldsymbol{\sigma}(\boldsymbol{F}^{-1})^{\mathrm{T}} \tag{3.2.12}$$

$$S_{iL} = J\sigma_{ij}\frac{\partial X_L}{\partial x_j}$$

这是一个兼有物质坐标指标 (L) 和空间坐标指标 (i) 的所谓两点张量，叫做 Piola 张量。它不是对称张量。为得到全部是物质坐标描述的对称应力张量，可将式 (3.2.12) 左乘 $\boldsymbol{F}^{-1}$ 得

$$\boldsymbol{\Sigma} = \boldsymbol{F}^{-1}\boldsymbol{S} = J\boldsymbol{F}^{-1}\boldsymbol{\sigma}(\boldsymbol{F}^{-1})^{\mathrm{T}} \tag{3.2.13}$$

其分量形式为

$$\Sigma_{LM} = J\sigma_{ij}\frac{\partial X_L}{\partial x_i}\frac{\partial X_M}{\partial x_j} \tag{3.2.14}$$

由 σ_{ij} 对称，可知 Σ_{LM} 对于指标 L、M 对称，这个张量叫做 Piola-Kirchhoff 应力张量。可以证明，在把物质坐标轴埋入物体中随着物体变形而扭曲的拖带坐标系 (convected coordinate system) 中，Σ_{LM} 表示 M 坐标面上 L 方向的应力分量 (参见图 3.2.1)。

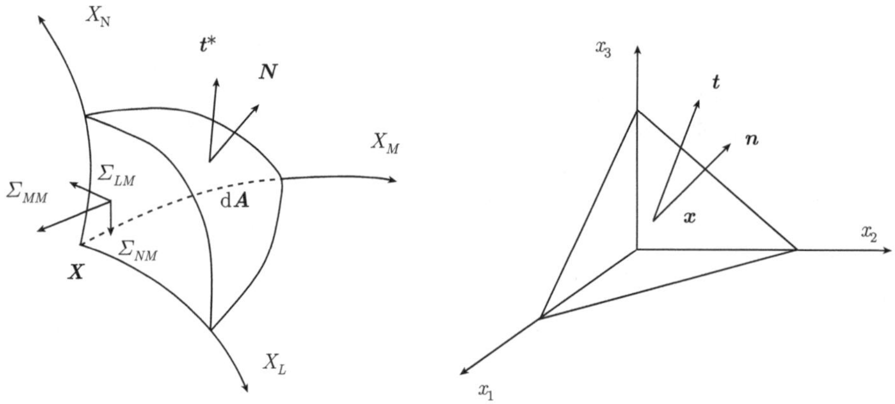

(a) 初始构形　　(b) 现时构形

图 3.2.1

3.3 参考标架变换和应力率

Cauchy 应力张量 $\boldsymbol{\sigma}$ 是把方向向量 $\boldsymbol{n}$ 映照成为应力向量 $\boldsymbol{t}$ 的线性变换 $\boldsymbol{t}=\boldsymbol{\sigma n}$。这里 $\boldsymbol{n}$ 显然跟两点间距离向量有关，接触应力 $\boldsymbol{t}$ 作为分子间作用力是和分子间的距离有关的，因之，当参考标架按变换式 (2.8.1) 作非惯性变换时，$\boldsymbol{n}$ 和 $\boldsymbol{t}$ 是标架无关的空间描述向量，故有

$$\tilde{\boldsymbol{t}}=\boldsymbol{Qt},\quad \tilde{\boldsymbol{n}}=\boldsymbol{Qn} \tag{3.3.1}$$

在变换后的参考系 $\tilde{\boldsymbol{x}}$ 中，映照关系 $\tilde{\boldsymbol{t}}=\tilde{\boldsymbol{\sigma}}\tilde{\boldsymbol{n}}$ 依旧成立，故有 $\boldsymbol{Qt}=\tilde{\boldsymbol{\sigma}}\boldsymbol{Qn}$，也即 $\boldsymbol{Q\sigma n}=\tilde{\boldsymbol{\sigma}}\boldsymbol{Qn}$，从而可以得出

$$\tilde{\boldsymbol{\sigma}}=\boldsymbol{Q\sigma Q}^{\mathrm{T}} \tag{3.3.2}$$

这说明 Cauchy 应力是标架无关的量，它在参考标架变换时按张量变换。Piola 应力张量 $\boldsymbol{S}$ 是二点张量 S_{iL}，在参考标架变换时按向量变换，而 Piola-Kirchhoff 张量 $\boldsymbol{\Sigma}$ 是物质张量，在参考标架变换时按标量变换。

Cauchy 应力的时间变化率 $\dot{\boldsymbol{\sigma}}$，在黏弹性、弹塑性、黏塑性一类材料的本构关系中是经常出现的，在参考标架变换时，应力率 $\dot{\boldsymbol{\sigma}}$ 不是标架无关的张量。对式 (3.3.2) 按时间求导时，可有

$$\dot{\tilde{\boldsymbol{\sigma}}}=\boldsymbol{Q}\dot{\boldsymbol{\sigma}}\boldsymbol{Q}^{\mathrm{T}}+\dot{\boldsymbol{Q}}\boldsymbol{\sigma}\boldsymbol{Q}^{\mathrm{T}}+\boldsymbol{Q}\boldsymbol{\sigma}\dot{\boldsymbol{Q}}^{\mathrm{T}} \tag{3.3.3}$$

但由关于转动率 $\boldsymbol{W}$ 的式 (2.8.18)

$$\tilde{\boldsymbol{W}}=\boldsymbol{QWQ}^{\mathrm{T}}-\dot{\boldsymbol{Q}}\boldsymbol{Q}^{\mathrm{T}} \tag{3.3.4}$$

右乘 $\boldsymbol{Q}$ 就可得出 $\dot{\boldsymbol{Q}}$ 的表达式

$$\dot{\boldsymbol{Q}} = \tilde{\boldsymbol{W}}\boldsymbol{Q} - \boldsymbol{Q}\boldsymbol{W} \tag{3.3.5}$$

代入式 (3.3.3)

$$\begin{aligned}\dot{\tilde{\boldsymbol{\sigma}}} &= \boldsymbol{Q}\dot{\boldsymbol{\sigma}}\boldsymbol{Q}^{\mathrm{T}} + \tilde{\boldsymbol{W}}\boldsymbol{Q}\boldsymbol{\sigma}\boldsymbol{Q}^{\mathrm{T}} - \boldsymbol{Q}\boldsymbol{W}\boldsymbol{\sigma}\boldsymbol{Q}^{\mathrm{T}} + \boldsymbol{Q}\boldsymbol{\sigma}\boldsymbol{W}\boldsymbol{Q}^{\mathrm{T}} - \boldsymbol{Q}\boldsymbol{\sigma}\boldsymbol{Q}^{\mathrm{T}}\tilde{\boldsymbol{W}} \\ &= \boldsymbol{Q}(\dot{\boldsymbol{\sigma}} - \boldsymbol{W}\boldsymbol{\sigma} + \boldsymbol{\sigma}\boldsymbol{W})\boldsymbol{Q}^{\mathrm{T}} + \tilde{\boldsymbol{W}}\tilde{\boldsymbol{\sigma}} - \tilde{\boldsymbol{\sigma}}\tilde{\boldsymbol{W}}\end{aligned} \tag{3.3.6}$$

如果把应力率定义为

$$\overset{\circ}{\boldsymbol{\sigma}} = \dot{\boldsymbol{\sigma}} - \boldsymbol{W}\boldsymbol{\sigma} + \boldsymbol{\sigma}\boldsymbol{W} \tag{3.3.7}$$

就可得到标架无关的应力率的变换规律

$$\overset{\circ}{\tilde{\boldsymbol{\sigma}}} = \boldsymbol{Q}\overset{\circ}{\boldsymbol{\sigma}}\boldsymbol{Q}^{\mathrm{T}} \tag{3.3.8}$$

这种时间导数叫做本构导数 (客观导数)，常用 $\overset{\circ}{\boldsymbol{\sigma}}$ 或 $\dfrac{\mathscr{D}\boldsymbol{\sigma}}{\mathscr{D}t}$ 来表示。

3.4 动量均衡方程

动量均衡方程即应用于物体 B 的部分 P 上积分形式的牛顿第二定律:

$$\frac{\mathrm{d}}{\mathrm{d}t}\int_P \rho\boldsymbol{v}\mathrm{d}v = \int_{\partial P}\boldsymbol{\sigma}\boldsymbol{n}\mathrm{d}a + \int_P \rho\boldsymbol{b}\mathrm{d}v \tag{3.4.1}$$

左边表示 P 中动量 $\int_P \rho\boldsymbol{v}\mathrm{d}v$ 的增长率，右边第一项可解释为通过边界 ∂P 进入 P 的单位面积的动量通量 $\boldsymbol{\sigma}$ 引起的动量增长率，第二项可解释为 P 中单位质量物体的动量源 $\boldsymbol{b}$ 引起的动量增长率。

把 Gauss 散度定律应用到右边第一项得

$$\int_{\partial P}\boldsymbol{\sigma}\boldsymbol{n}\mathrm{d}a = \int_P \mathrm{div}\boldsymbol{\sigma}\mathrm{d}v \tag{3.4.2}$$

于是式 (3.4.1) 变为

$$\int_P (\rho\dot{\boldsymbol{v}} - \mathrm{div}\boldsymbol{\sigma} - \rho\boldsymbol{b})\,\mathrm{d}v = 0 \tag{3.4.3}$$

式中，$\dot{\boldsymbol{v}}$ 是 $\boldsymbol{v}$ 的物质导数。由于 P 是任意取的，故可得出场方程

$$\rho\dot{\boldsymbol{v}} = \mathrm{div}\boldsymbol{\sigma} + \rho\boldsymbol{b}, \quad \rho\dot{v}_i = \frac{\partial\sigma_{ij}}{\partial x_j} + \rho b_i \tag{3.4.4}$$

由于 $\rho\mathrm{d}v = \rho_0\mathrm{d}V$，$\boldsymbol{\sigma}\boldsymbol{n}\mathrm{d}a = \boldsymbol{S}\boldsymbol{N}\mathrm{d}A$，故均衡方程可以写成

$$\frac{\mathrm{d}}{\mathrm{d}t}\int_P \rho_0 v\mathrm{d}V = \int_{\partial P}\boldsymbol{S}\boldsymbol{N}\mathrm{d}A + \int_P \rho_0\boldsymbol{b}\mathrm{d}V \tag{3.4.5}$$

于是在物质坐标中用散度定律可得

$$\int_P (\rho_0 \dot{\boldsymbol{v}} - \mathrm{div}\boldsymbol{S} - \rho_0 \boldsymbol{b}) \mathrm{d}V = 0 \tag{3.4.6}$$

因而有

$$\rho_0 \dot{\boldsymbol{v}} = \mathrm{div}\boldsymbol{S} + \rho_0 \boldsymbol{b}, \quad \rho_0 \dot{v}_i = \frac{\partial S_{iL}}{\partial X_L} + \rho_0 b_i \tag{3.4.7}$$

或者

$$\left\{ \begin{aligned} & \rho_0 \dot{\boldsymbol{v}} = \mathrm{div}(\boldsymbol{F}\boldsymbol{\Sigma}) + \rho_0 \boldsymbol{b} \\ & \rho_0 \dot{v}_i = \frac{\partial F_{iL} \Sigma_{LM}}{\partial X_M} + \rho_0 b_i \end{aligned} \right. \tag{3.4.8}$$

3.5　力学的能量均衡和变形功率

在物体的部分 P 上，外力 (体积力和表面力) 在单位时间内所做的功为

$$\dot{W} = \int_P \rho \boldsymbol{v} \cdot \boldsymbol{b} \mathrm{d}v + \int_{\partial P} \boldsymbol{v} \cdot \boldsymbol{\sigma} \boldsymbol{n} \mathrm{d}a \tag{3.5.1}$$

利用散度定理可将第二项化成体积分，于是得

$$\dot{W} = \int_P (\rho \boldsymbol{v} \cdot \boldsymbol{b} + \mathrm{div}\boldsymbol{\sigma}\boldsymbol{v}) \mathrm{d}v \tag{3.5.2}$$

式中，$\boldsymbol{\sigma}\boldsymbol{v}$ 为一向量，表示表面力的**功流**，即单位时间通过边界上单位面积流入物体的功，而 $\mathrm{div}\boldsymbol{\sigma}\boldsymbol{v}$ 表示单位时间流入单位体积的功。

由于

$$\mathrm{div}\boldsymbol{\sigma}\boldsymbol{v} = \boldsymbol{v} \cdot \mathrm{div}\boldsymbol{\sigma} + \boldsymbol{\sigma} \cdot \frac{\partial \boldsymbol{v}}{\partial \boldsymbol{x}} \tag{3.5.3}$$

这样就得到

$$\dot{W} = \int_P \left\{ \boldsymbol{v} \cdot (\rho \boldsymbol{b} + \mathrm{div}\boldsymbol{\sigma}) + \boldsymbol{\sigma} \cdot \frac{\partial \boldsymbol{v}}{\partial \boldsymbol{x}} \right\} dv \tag{3.5.4}$$

积分的第一项由动量均衡方程式 (3.5.4) 可转化成单位体积中动能的增加率 $\dot{K}$：

$$\int_P \boldsymbol{v} \cdot (\rho \boldsymbol{b} + \mathrm{div}\boldsymbol{\sigma}) \mathrm{d}v = \int_P \boldsymbol{v} \cdot \rho \dot{\boldsymbol{v}} \mathrm{d}v = \int_P \frac{1}{2} \rho \frac{\mathrm{d}}{\mathrm{d}t} (\boldsymbol{v} \cdot \boldsymbol{v}) \, \mathrm{d}v \equiv \dot{K} \tag{3.5.5}$$

第二项表示应力功率或变形功率 $\dot{W}_s$

$$\int_P \boldsymbol{\sigma} \cdot \frac{\partial v}{\partial x} \mathrm{d}v = \int_P \rho \dot{w}_s \mathrm{d}v \equiv \dot{W}_s \tag{3.5.6}$$

于是就得到

$$\dot{W}=\dot{K}+\dot{W}_s \tag{3.5.7}$$

即外力的功率可分为两部分，一是动能增加率，二是变形功率；或者说外力有两个效应，即运动和变形。此式也表示在纯力学范围内的能量均衡。

式 (3.5.6) 中的 $\dot{w}_s$ 叫做单位质量的变形功率：

$$\rho\dot{w}_s=\boldsymbol{\sigma}\cdot\frac{\partial\boldsymbol{v}}{\partial\boldsymbol{x}}=\boldsymbol{\sigma}\cdot\boldsymbol{L} \tag{3.5.8}$$

由于 $\boldsymbol{\sigma}$ 是对称张量，因此

$$\rho\dot{w}_s=\frac{1}{2}\boldsymbol{\sigma}\cdot\left\{\frac{\partial\boldsymbol{v}}{\partial\boldsymbol{x}}+\left(\frac{\partial\boldsymbol{v}}{\partial\boldsymbol{x}}\right)^{\mathrm{T}}\right\}=\boldsymbol{\sigma}\cdot\boldsymbol{D}=\boldsymbol{\sigma}\cdot\boldsymbol{E}_t(t) \tag{3.5.9}$$

这就是说变形功率可以写成应力和它对应的应变率的乘积的形式。还可以有别的配对应力和应变率的乘积的写法，如

$$\begin{aligned}\boldsymbol{\sigma}\cdot\frac{\partial\boldsymbol{v}}{\partial\boldsymbol{x}}&=\boldsymbol{\sigma}\cdot\dot{\boldsymbol{F}}\boldsymbol{F}^{-1}=\sigma_{ij}\dot{F}_{iL}F_{Lj}^{-1}=\sigma_{ij}g\left(F_{jL}^{-1}\right)^{\mathrm{T}}\dot{F}_{iL}\\&=\boldsymbol{\sigma}\left(\boldsymbol{F}^{-1}\right)^{\mathrm{T}}\cdot\dot{\boldsymbol{F}}=\frac{\boldsymbol{S}\cdot\dot{\boldsymbol{F}}}{J}=\frac{\rho}{\rho_0}\boldsymbol{S}\cdot\dot{\boldsymbol{F}}\end{aligned} \tag{3.5.10}$$

$$\begin{aligned}\boldsymbol{\sigma}\cdot\boldsymbol{D}&=\boldsymbol{\sigma}\cdot(\boldsymbol{F}^{\mathrm{T}})^{-1}\dot{\boldsymbol{E}}\boldsymbol{F}^{-1}=\sigma_{ij}(F_{iL}^{\mathrm{T}})^{-1}\dot{E}_{LM}F_{Mj}^{-1}\\&=F_{Li}^{-1}\sigma_{ij}(F_{jM}^{-1})^{\mathrm{T}}\dot{E}_{LM}=\boldsymbol{F}^{-1}\boldsymbol{\sigma}(\boldsymbol{F}^{-1})^{\mathrm{T}}\cdot\dot{\boldsymbol{E}}\\&=\frac{\rho}{\rho_0}\boldsymbol{\Sigma}\cdot\dot{\boldsymbol{E}}\end{aligned} \tag{3.5.11}$$

把这些结果总起来就有

$$\dot{w}_s=\frac{\boldsymbol{\sigma}\cdot\boldsymbol{L}}{\rho}=\frac{\boldsymbol{\sigma}\cdot\boldsymbol{D}}{\rho}=\frac{\boldsymbol{\sigma}\cdot\dot{\boldsymbol{E}}_t(t)}{\rho}=\frac{\boldsymbol{S}\cdot\dot{\boldsymbol{F}}}{\rho_0}=\frac{\boldsymbol{\Sigma}\cdot\dot{\boldsymbol{E}}}{\rho_0} \tag{3.5.12}$$

在变形功率中还可以把体积变形功率和形状变形功率分解开来，即先把应力张量 $\boldsymbol{\sigma}$ 和应变率张量 $\boldsymbol{D}$ 分解成球形张量和偏量部分，然后相乘，得

$$\rho\dot{w}_s=\boldsymbol{\sigma}\cdot\boldsymbol{D}=\left\{\frac{1}{3}(\mathrm{tr}\boldsymbol{\sigma})\boldsymbol{I}+\boldsymbol{\sigma}'\right\}\cdot\left\{\frac{1}{3}(\mathrm{tr}\boldsymbol{D})\boldsymbol{I}+\boldsymbol{D}'\right\} \tag{3.5.13}$$

引入静水压力

$$p=-\frac{1}{3}\mathrm{tr}\boldsymbol{\sigma} \tag{3.5.14}$$

和体积应变率

$$\frac{\dot{v}}{\nu} = \mathrm{tr}\boldsymbol{D} \tag{3.5.15}$$

式中，ν 为比容，就得出

$$\begin{aligned}\rho\dot{w}_s &= -p\frac{\dot{v}}{\nu} - p\boldsymbol{I}\cdot\boldsymbol{D}' + \frac{1}{3}\frac{\dot{v}}{\nu}\boldsymbol{\sigma}'\cdot\boldsymbol{I} + \boldsymbol{\sigma}'\cdot\boldsymbol{D}' \\ &= -p\frac{\dot{v}}{\nu} + \boldsymbol{\sigma}'\cdot\boldsymbol{D}' \end{aligned} \tag{3.5.16}$$

式中，第一项为体积变形功率，第二项为形状变形功率。

第 4 章　变形热力学

4.1　传统热力学

考虑一个静止的没有局部变形的系统，其状态由一组相互独立的运动学参量 $a_k(k=1,2,\cdots,n)$ 和绝对温度 T 来描述。a_k 可以是体积、应变或者组分浓度等，而温度 T 在整个系统内部是均匀分布的，且总是取正值 $T>0$。这些变量名曰独立状态变量。它们的任何函数 (如压力、内能、熵等) 叫做状态函数。

经典热力学研究从一个平衡状态到邻近平衡状态的非常缓慢的状态变化过程，即所谓的准静态过程。

如对系统微量地供热 $\mathrm{d}Q$，并对系统做微量的功 $\mathrm{d}W$，使得变动后的系统仍处于平衡态，其状态变量较原状态有微小的变化 $\mathrm{d}T$，$\mathrm{d}a_k$，则热力学第一定律可表述为：存在一个叫做内能的状态函数 $U(a_k,T)$ 使得

$$\mathrm{d}U=\mathrm{d}W+\mathrm{d}Q \tag{4.1.1}$$

这里，W 和 Q 都是过程参量，$\mathrm{d}W$ 和 $\mathrm{d}Q$ 都不是全微分。如果经过一系列的准静态过程，系统从初态 1 变到终态 2，则积分 $\int_1^2\mathrm{d}W$ 和 $\int_1^2\mathrm{d}Q$ 都依赖于路径。内能是状态参量，$\mathrm{d}U$ 是全微分 $\int_1^2\mathrm{d}U=U_2-U_1$ 和路径无关，只依赖于初态和终态。

热力学第一定律也就是能量守恒定律，与过程的性质是可逆或不可逆无关。$\mathrm{d}Q=0$ 时，对应于绝热过程；$\mathrm{d}a_k=0$ 时，则 $\mathrm{d}W=0$，对应于纯升温过程。

热力学第二定律可以表述为：存在一个叫做熵的状态函数 $S\left(a_k,T\right)$ 使得

$$T\mathrm{d}S\geqslant\mathrm{d}Q \tag{4.1.2}$$

等号对应于可逆过程，大于号对应于不可逆过程。这个定律可以这样来理解，从经验知道，一个物体 B 和单一热源 A 交换热量，经过一个闭合的变化，不能产生正功。设处在状态 1 的物体 B 自 A 吸取热量 Q，并吸收外功 W，经不可逆过程到达状态 2；同样从状态 1 到状态 2 的变化，若过程是可逆的，则 B 自 A 吸取的为可逆供热量 Q_0，并吸收可逆功 W_0。现在把可逆过程倒置和前面的不可逆过程联合构成一个闭合循环，使 B 从状态 1 经历了状态 2 而重新回到状态 1，则由第一定律必有

$$\oint\mathrm{d}U=W+Q-W_0-Q_0=0 \tag{4.1.3}$$

但是在这一闭合循环中 B 不可能做出正功，否则就可能造出一个永动机来，因此

$$-(W - W_0) \leqslant 0 \tag{4.1.4}$$

于是得出

$$Q - Q_0 \leqslant 0 \tag{4.1.5}$$

这说明可逆供热量 Q 是各种自然供热的最高限。如果这个闭合循环是极微小的，便有

$$\mathrm{d}Q \leqslant \mathrm{d}Q_0 \tag{4.1.6}$$

或者

$$\dot{Q} \leqslant \dot{Q}_0 \tag{4.1.7}$$

即在各种供热过程中，可逆供热进行得最快。在这微量可逆供热时物体的温度设为 T，供热的快慢显然和该温度有关。现在令单位温度的最高供热率为熵增率：

$$\dot{S} = \frac{\dot{Q}_0}{T} \tag{4.1.8}$$

这是所讨论的物体的一个性质，经积分得

$$S - S_\odot = \int \frac{\dot{Q}_0}{T} \mathrm{d}t \tag{4.1.9}$$

这样熵 S 是标志物体所处的热力学状态的一个参量，它和内能 U 类似，其值包括一个不必确定的起点值，$S_\odot$。由式 (4.1.6) 可以得到

$$\mathrm{d}S = \frac{\mathrm{d}Q_0}{T} \geqslant \frac{\mathrm{d}Q}{T} \tag{4.1.10}$$

这就是热力学第二定律的数学表达 (式 (4.1.2))，等号适用于可逆过程，大于号适用于自然过程即不可逆过程。可以把此式改写成熵的均衡的形式

$$\mathrm{d}S = \mathrm{d}S^{(r)} + \mathrm{d}S^{(i)}, \quad \mathrm{d}S^{(r)} = \frac{\mathrm{d}Q}{T}, \quad \mathrm{d}S^{(i)} \geqslant 0 \tag{4.1.11}$$

式中，$\mathrm{d}S^{(r)}$ 表示外界通过供热 $\mathrm{d}Q$ 而供给物体的熵，而 $\mathrm{d}S^{(i)}$ 是不可逆的熵增，永远是非负的。第三式叫做熵不等式。

把热力学第一定律用于自然过程和相应的设想的可逆过程：

$$\mathrm{d}U = \mathrm{d}W + \mathrm{d}Q = \mathrm{d}W_0 + T\mathrm{d}S \tag{4.1.12}$$

则

$$\mathrm{d}S = \frac{\mathrm{d}Q}{T} + \frac{\mathrm{d}W - \mathrm{d}W_0}{T} \tag{4.1.13}$$

这里，$\mathrm{d}W-\mathrm{d}W_0$ 表示不可逆过程中能量的耗散，而对比式 (4.1.11) 可知，不可逆熵增就是由于耗散引起的：

$$\mathrm{d}S^{(i)}=\frac{\mathrm{d}W-\mathrm{d}W_0}{T}\geqslant 0 \tag{4.1.14}$$

$\mathrm{d}S=0$ 的过程是**等熵过程**，可逆的等熵过程就是绝热过程，$\mathrm{d}Q=0$；不可逆的等熵过程要求对外界释放热量，$\mathrm{d}Q<0$.

4.2 场的热力学

场的热力学是传统热力学在连续介质中的推广，它讨论非平衡状态的连续介质的热力学行为，容许有不均匀温度分布和变形分布，容许各种热力学参量在时间过程中缓慢或快速地变化，容许有速度场的存在，容许有不可逆的非平衡的过程。

设作用在物体上的外力有单位质量的体积力 $\boldsymbol{b}$，以及单位面积的表面力 $\boldsymbol{t}=\boldsymbol{\sigma n}$，对物体供热也有两种方式，一种是外热源对单位质量物体的供热率 r，另一种是通过单位表面积流入物体的热流向量 $\boldsymbol{h}$。

外力对物体的部分 P 所作用的总功率是

$$\dot{W}=\int_P\rho\boldsymbol{v}\cdot\boldsymbol{b}\mathrm{d}v+\int_{\partial P}\boldsymbol{v}\cdot\boldsymbol{\sigma n}\mathrm{d}a=\int_P(\rho\boldsymbol{v}\cdot\boldsymbol{b}+\mathrm{div}\boldsymbol{\sigma v})\mathrm{d}v \tag{4.2.1}$$

外界对物体的总供热率是

$$\dot{Q}=\int_P\rho r\mathrm{d}v+\int_{\partial P}\boldsymbol{h}\cdot\boldsymbol{n}\mathrm{d}v=\int_P(\rho r+\mathrm{div}\boldsymbol{h})\mathrm{d}v \tag{4.2.2}$$

这些功和热将转化成物体的动能和内能。设单位质量的内能是 u，则物体的总动能的增加率是

$$\dot{K}=\frac{\mathrm{d}}{\mathrm{d}t}\int_P\frac{1}{2}\rho\left(\boldsymbol{v}\cdot\boldsymbol{v}\right)\mathrm{d}v \tag{4.2.3}$$

物体总内能增加率是

$$\dot{U}=\frac{\mathrm{d}}{\mathrm{d}t}\int\rho u\mathrm{d}v \tag{4.2.4}$$

热力学第一定律的整体形式即在表示上述能量的均衡：

$$\dot{K}+\dot{U}=\dot{W}+\dot{Q} \tag{4.2.5}$$

但我们已经知道纯力学范围能量的均衡如式 (3.5.7) 所示，即外力的总功率将转化成动能增加率和变形功率：

$$\dot{W}=\dot{K}+\dot{W}_s \tag{4.2.6}$$

由此可得出热力学第一定律的新形式

$$\dot{U} = \dot{W}_s + \dot{Q} \tag{4.2.7}$$

式中，变形功率为

$$\dot{W}_s = \int_P \rho \dot{w}_s \mathrm{d}v \tag{4.2.8}$$

把式 (4.2.2)、式 (4.2.4)、式 (4.2.8) 代入式 (4.2.7)，当 $P \to 0$ 时得到热力学第一定律的局部形式：

$$\rho \dot{u} = \rho \dot{w}_s + \mathrm{div}\boldsymbol{h} + \rho r \tag{4.2.9}$$

热力学第二定律的整体形式是

$$\dot{S} = \dot{S}^{(r)} + \dot{S}^{(i)}$$

$$\dot{S}^{(i)} \geqslant 0 \tag{4.2.10}$$

总熵增率 $\dot{S}$、总供熵率 $\dot{S}^{(r)}$、总产熵率 $\dot{S}^{(i)}$ 都可用相应的单位体积量的积分表示出。总供熵率 $\dot{S}^{(r)}$ 系由热源供热率 r 和热流 $\boldsymbol{h}$ 引起，可列出为

$$\begin{aligned} \dot{S}^{(r)} &= \int_P \rho \dot{s}^{(r)} \mathrm{d}v = \int_P \frac{\rho r}{T} \mathrm{d}v + \int_{\partial P} \frac{\boldsymbol{h}}{T} \cdot \boldsymbol{n} \mathrm{d}a \\ &= \int_P \left\{ \frac{\rho r}{T} + \mathrm{div}\left(\frac{\boldsymbol{h}}{T}\right) \right\} \mathrm{d}v \end{aligned} \tag{4.2.11}$$

其局部形式可用单位体积的供熵率 $\rho \dot{s}^{(r)}$ 表示：

$$\rho \dot{s}^{(r)} = \mathrm{div}\left(\frac{\boldsymbol{h}}{T}\right) + \frac{\rho r}{T} = \frac{\rho r + \mathrm{div}\boldsymbol{h}}{T} - \frac{1}{T^2}\boldsymbol{h} \cdot \boldsymbol{q} \tag{4.2.12}$$

式中，$\boldsymbol{q}$ 为温度陡度向量

$$\boldsymbol{q} = \mathrm{grad}\, T \tag{4.2.13}$$

单位体积的产熵率 $\rho \dot{s}^{(i)}$，即不可逆熵增率为

$$\rho \dot{s}^{(i)} = \rho \dot{s} - \rho \dot{s}^{(r)} = \rho \dot{s} - \frac{\mathrm{div}\boldsymbol{h}}{T} - \frac{\rho r}{T} + \frac{1}{T^2}\boldsymbol{h}\boldsymbol{q} \geqslant 0 \tag{4.2.14}$$

这就是熵不等式的局部形式。

引入内耗散 δ：

$$\delta = \rho T \dot{s}^{(i)} = \rho T \dot{s} - (\rho r + \mathrm{div}\boldsymbol{h}) + \frac{1}{T}\boldsymbol{h}\boldsymbol{q} \geqslant 0 \tag{4.2.15}$$

如果把热力学第一定律的局部形式 (式 (4.2.9)) 代入，就有

$$\delta = \rho T \dot{s}^{(i)} = \rho (T \dot{s} - \dot{u}) + \rho \dot{w}_s + \frac{1}{T}\boldsymbol{h}\boldsymbol{q} \geqslant 0 \tag{4.2.16}$$

引入单位质量自由能

$$\psi = u - Ts \tag{4.2.17}$$

则有

$$\dot{\psi} = \dot{u} - T\dot{s} - s\dot{T} \tag{4.2.18}$$

代入式 (4.2.16)，可得熵不等式的常用形式：

$$\delta = \rho T\dot{s}^{(i)} = -\rho(\dot{\psi} + s\dot{T}) + \rho\dot{w}_s + \frac{1}{T}\boldsymbol{hq} \geqslant 0 \tag{4.2.19}$$

4.3 附　录

1. **连续介质热力学** (thermomechanics of continuous medium)

研究连续介质在外力做功和外界供热情况下发生形体变化和温度变化的热力学过程的理论，其任务为：在符合能量输运和耗散的普遍原则下建立物体的本构模型并发现其性质，从控制热力学过程演化的普遍原理寻找平衡状态热力学原理，以及在外界作用已规定的情况下确定物体上必将发生的热力学过程，如热传导、扩散、变形和运动等问题。

传热热力学是**静热学** (thermostatics) 中只讨论处于平衡状态下均匀物体的性质的理论。在平衡状态下，物体的温度可以无异议地被测量，从而赋以物理定义；它和物体的运动学变量 (如体积)，以及与之配对的动力学变量 (如压力) 在同一平衡状态中之值标志着物体的一个状态。这些状态变量之间存在着一个状态方程。这种状态方程对于各种平衡状态都是一样的，但对不同的物体则是不同的，因而属物质的一种性质。物体的内能和熵可以作为状态函数而被推定，它们都是物体在平衡状态的热力学性质。在静热学中所讨论的过程只有准静态的可逆过程，关于不可逆过程只有一些定性的叙述。连续介质的热力学理论讨论非平衡状态的连续体的可逆或不可逆过程，在物体的每一点容许有各种热力学性质的空间陡度和时间变化，也容许介质内部有速度场及局部热流和功流的存在。这就使讨论进入了**动热学** (thermodynamics) 范围，这个名词通译为热力学。长久以来，这门学科实际上只以讨论平衡状态的静热学为其主要内容，是名不副实的。非平衡状态热力学或不可逆过程热力学诞生以后，才开始有了和西文字义相符的动热学讨论的内容。动热学是从静热学的基础上发展起来的，如何将静热学的概念推广到动热学中成为热力学家的困难和苦恼，他们面临着几个重大问题：①在非平衡中温度如何定义。②在非平衡态中熵是否存在。③在物体中每个足够小的微体中确实存在状态吗？④什么是熵流？⑤在具有耗散的变形过程中，如塑性、松弛、蠕变等现象，究竟如何确定状态变量才能得出不自相矛盾的结果。这些问题也成了几派学者争论的焦点。鉴于在连续介质的运动变化过程中，力学现象总是一般地和热学现象相伴出现的，无法把问题的力学方面和热学方面分割开来。为了标志对连续介质的力学和热学效应进行统一的跨学科的研究，出现了一个新名词，这就是真正的**热力学**(thermomechanics)。热力学名词长期混淆，有历史的原因，而且看来不是短期内就能得到澄清的；这一情况也反映了热力学的理论基础到现在还远没有达到成熟的地步。

2. 场热力学的普遍原理

连续介质热力学处理的对象是热力学性质时刻变化着的场，它到目前为止还没有公认一致的表述形式，其中最有影响的两个学派是昂萨格学派 (Onsagerism) 的**经典不可逆过程热力学**，以及特鲁斯台尔学派 (Truesdellism) 的**理性热力学**。两者有极不相同的基本假设和表述方法，然而它们所涉及的关于能量输运和耗散的普遍原理亦即热力学第一定律和第二定律的场的形式却是基本一致的。

第一定律 —— 能量输运中的均衡定律。对于单位体积的微体，单位时间由周围经过边界进入微体的能量，包括通过热流 $\boldsymbol{h}$ 形式的供热 $\nabla\cdot\boldsymbol{h}$，和通过功流 $\boldsymbol{\sigma v}$ 形式的做功 $\nabla\cdot(\boldsymbol{\sigma v})$，都转化成微体中总能量 (包括内能 ρu 和动能 $\rho k=\dfrac{1}{2}\rho v^2$) 的增加量：

$$\rho\left(\dot{u}+\dot{k}\right)=\nabla\cdot\boldsymbol{h}+\nabla\cdot(\boldsymbol{\sigma v}) \tag{4.3.1}$$

这里，ρ 表示密度，u,k 是单位质量微体中的内能和动能，$\boldsymbol{h}$ 是单位时间内通过单位面积边界流入微体的热量，$\boldsymbol{\sigma}$ 是应力张量，$\boldsymbol{v}$ 是速度向量，字母上加一点表示时间的物质导数。功率 $\nabla\cdot(\boldsymbol{\sigma v})$ 可以分成两部分 $\boldsymbol{\sigma}\cdot\nabla\boldsymbol{v}$ 和 $(\nabla\cdot\boldsymbol{\sigma})\cdot\boldsymbol{v}$，第一部分产生变形即变形功率 $\rho\dot{w}_s$，第二部分产生运动，可以通过动量均衡转化成动能增加率 $\rho\dot{k}$，所以场形式的能量均衡定律最终成为

$$\rho\dot{u}=\nabla\cdot\boldsymbol{h}+\rho\dot{w}_s \tag{4.3.2}$$

这个定律适用于真实过程即不可逆过程，对于假想的可逆过程也成立。设可逆供热率为 $\nabla\cdot\boldsymbol{h}_0$，可逆变形功率为 $\rho\dot{w}_{s0}$，便有

$$\rho\dot{u}=\nabla\cdot\boldsymbol{h}_0+\rho\dot{w}_{s0} \tag{4.3.3}$$

吉布斯关系 —— 熵的均衡定律。可逆过程中单位温度的供热量转变为熵增，这就是所谓卡脑特定理：

$$\rho\dot{s}=\frac{\nabla\cdot\boldsymbol{h}_0}{T} \tag{4.3.4}$$

这里，T 是热力学温度，s 是单位质量微体中的熵，这样利用能量均衡式 (4.3.2) 可以得出吉布斯关系的一般形式：

$$\rho \dot{s} = \nabla \cdot \left(\frac{\boldsymbol{h}}{T} \right) + \frac{1}{T^2} \boldsymbol{h} \cdot \nabla T + \frac{1}{T} (\rho \dot{w}_s - \rho \dot{w}_{s0}) \tag{4.3.5}$$

它可以看成是熵的均衡方程。右边第一项表示熵流向量 $\dfrac{\boldsymbol{h}}{T}$ 的散度，即外界通过边界对微体的供熵率，第二项表示由于温度陡度 ∇T 引起不可逆的热传导而形成的产熵率，第三项表示变形功的不可逆的内耗散 $\delta = \dot{W}_s - \dot{W}_{s0} = \rho \dot{w}_s - \rho \dot{w}_{s0}$ 而形成的产熵率。吉布斯关系表示微体中熵的增加率是和外界的供熵率以及不可逆过程的产熵率相均衡的。

在热力学中常引用单位质量自由能 ψ 的概念，意思是指在等温过程中，内能中可用于对外做功的部分 $\psi = u - Ts$(参见式 (4.2.17))，这样，内耗散就是 (参见式 (4.2.19))：

$$\delta = \dot{W}_s - \dot{W}_{s0} = \dot{W}_s - \rho(\dot{\psi} + s\dot{T}) \tag{4.3.6}$$

第二定律 —— 克劳修斯–杜安不等式 (Clausius-Duhem inequality)。热力学第二定律断言，在不可逆过程中微体的产熵率是非负的：

$$\rho \dot{S} - \nabla \cdot \left(\frac{\boldsymbol{h}}{T} \right) \geqslant 0 \tag{4.3.7}$$

或用能量耗散的形式来表示：

$$\delta + \frac{1}{T} \boldsymbol{h} \cdot \nabla T \geqslant 0 \tag{4.3.8}$$

3. 经典不可逆过程热力学

系统地研究不可逆过程热力学是在 20 世纪 30 年代从昂萨格 (Onsager, 1931) 开始的。半个世纪以来其经卡西米尔 (Casimir, 1945)、伊卡特 (Eckart, 1940~1948)、迈克斯内 (Meixner, 1941~1959)、德格鲁脱 (DeGroot, 1962~1966)、凯斯廷 (Kestin, 1969) 等的发展，并经布里奇曼 (Bridgman, 1950)、毕奥 (Biot, 1954~1958)、德鲁克 (Drucker, 1964)、齐格勒 (Ziegler, 1958~1977)、克留坦伯格 (Kluitenberg, 1962~1971)、厄林根 (Eringen, 1960~1966)、翁纳脱 (Onat, 1968)、赖斯 (Rice, 1969~1976) 等用于作为建立弹塑性材料和流变材料本构关系理论的基础。这一派学说是传统的平衡态热力学的推广，其基本假设如下。

(1) 局部状态原理成立，即假定可以把所探讨的连续体分割成许多体积接近于零的微体，微体之间存在热流和功流等相互作用，因此整个物体虽然并非处于平衡状态，而每一微体则被看成处于瞬时的局部的平衡状态。刻画微体中瞬时的局部的热力学性质的状态变量之间由状态方程相关联，任何量的变率和陡度是不参与状态的描述的，因而它们的存在也不对状态方程进行修改。过程变量如热流和变形功率照例是不进入状态方程的。在非弹性情况下，功的表示式中的应力和应变等变量只有构成可逆的部分才进入状态方程。

(2) 吉布斯关系成立，这意含温度和熵等是存在的，能量均衡和熵均衡是成立的。

(3) 熵均衡方程中的产熵率项总是非负的，而且可以表示成为所谓“力”和“流”的乘积之和。例如，变形功率 $\boldsymbol{\sigma}\cdot\nabla\boldsymbol{v}$ 总可以表示成应力 $\boldsymbol{\sigma}$ 和应变率 $\boldsymbol{D}$ 的乘积，假定应变率可以分解成可逆部分 $\boldsymbol{D}^e$ 和不可逆部分 $\boldsymbol{D}^P$，则内耗散可表示为

$$\delta=\dot{W}_s-\dot{W}_{s0}=\boldsymbol{\sigma}\cdot\boldsymbol{D}^P \tag{4.3.9}$$

于是熵的不等式可以写成：

$$\boldsymbol{\sigma}\cdot\boldsymbol{D}^P+\frac{1}{T}\boldsymbol{h}\cdot\nabla T\geqslant 0 \tag{4.3.10}$$

如认为应力张量 $\boldsymbol{\sigma}$ 属于广义的动量流，便把不可逆应变率 $\boldsymbol{D}^P$ 解释为“力”；$\dfrac{\boldsymbol{h}}{T}$ 是熵流，温度陡度 ∇T 便被解释为“力”。对于“流”和“力”的选择，在昂萨格学派内部的意见是不一致的，也没有规律可循。

(4) “流”是“力”的函数，二者形成所谓唯象关系。在偏离平衡态不远时，这些函数化为齐次线性函数，其系数满足昂萨格倒易关系。

昂萨格学派认为不可能先验地对应力、应变、应变率规定一个普遍的角色，它们中的每一个可以是流，是力，或是具有平衡性质，或可以分解成几部分分别具有上述性质。因此表示应力、应变、应变率之间关系的本构方程必须把状态方程和表象关系两种表达捏合在一起。

经典不可逆过程热力学的局部平衡态假设，“力”和“流”的区别和选择，昂萨格关系等受到了批评，或者被认为对过程作了不必要的过多限制，或者被认为是没有根据的。

4. **理性热力学**

20 世纪 50 年代理性热力学的复兴推动了力学基础和热力学基础的深入研究。此理论在特鲁斯台尔 (Truesdell) 的倡导下，由诺尔 (Noll，1963)、科尔曼 (Coleman，1963~1967)、格廷 (Gurtin，1965~1967)、王钊诚 (C. C. Wang，1966) 等开辟了道路，并建立了公理化的基础，许多后继者用之作为黏弹性材料和黏塑性材料本构关系的基础。这个学派突破了关于状态、局部平衡等传统的概念，建立了自己的理论体系，其基本假设如下。

(1) 微体的温度 T 和它的位置 $\boldsymbol{x}$ 一样是本原变量，即不需另加定义的自然存在的物理量，在非平衡态中也照样存在随微体 $\boldsymbol{X}$ 和时间 t 变化的量：

$$\boldsymbol{x}=\boldsymbol{x}(\boldsymbol{X},t),\quad T=T(\boldsymbol{X},t) \tag{4.3.11}$$

(2) 非平衡态中微体的热力学“状态”是指热力学变量在指定时刻 t 之值，这些热力学变量除去位置和温度等本原变量外，还有微体的内能 u 和熵 s，以及微体和环境之间的相互作用量，即供热率 $\dot{q}$ 和变形功率 $\dot{w}_s$。这些量随时间的变化构成一个热力学过程：

$$\begin{gathered} \boldsymbol{x}(t), \quad T(t), \quad u(t), \quad s(t) \\ \dot{q}(t)=\frac{1}{\rho}\nabla\cdot\boldsymbol{h}, \quad \dot{w}_s(t)=\frac{1}{\rho}\boldsymbol{\sigma}\cdot\nabla\boldsymbol{v}=\boldsymbol{\tau}\cdot\dot{\boldsymbol{F}} \end{gathered} \tag{4.3.12}$$

理性热力学学派认为，自发过程的不可逆性是由无功纯供热所引起的内能增加率具有一个上限这一经验事实来表现的；这个上限因物体而异，也依赖于物体所处的状况。这个上限对物体温度的商就是熵增率，这个上限的存在也即熵的存在是不在乎物体是否处在平衡状态中的。在传统热力学中供热和做功都被看成过程变量，是和温度、内能、熵等状态变量有严格区别的，而在这里这种区别被取消了。一切都在运动变化，在热力学过程中变化着的量在指定时刻之值，就标志其时微体的“状态”。在变形功率表式中，$\boldsymbol{F}=\dfrac{\partial\boldsymbol{x}}{\partial\boldsymbol{X}}$ 是变形陡度，$\dot{\boldsymbol{F}}=\dfrac{\partial\dot{\boldsymbol{x}}}{\partial\boldsymbol{X}}=(\nabla\boldsymbol{v})\boldsymbol{F}$，$\boldsymbol{\tau}=\dfrac{1}{\rho}\boldsymbol{\sigma}(\boldsymbol{F}^{-1})^{\mathrm{T}}$ 分别表示广义应变率和广义应力。

(3) 热力学相容的确定性原理成立，即温度变化和位置变化的过去和现在经历确定微体现时的反应，这里指的是微体在内能、熵、供热率、变形功率方面的反应，或等效地指自由能、熵、广义应力和热流方面的反应。如以 ϕ^t 表示函数中从过去到现在时刻 t 的历史：

$$\phi^t(s_t)=\phi(t-s_t), \quad 0\leqslant s_t<\infty \tag{4.3.13}$$

这里，s_t 为流逝时间，则确定性原理的典型表达式为

$$f(t)=\underline{F}\left(\mathop{\phi}_{s=0}^{\infty}(t-s_t)\right)\equiv\underline{F}(\phi^t) \tag{4.3.14}$$

式中，$\underline{F}$ 是自变量为函数 ϕ 的泛函，$f(t)$ 是其在现时 t 的值；ϕ^t 是原因，$f(t)$ 是结果。如原因为 $\boldsymbol{x}$ 和 T 变化的全部历史，结果 (反应) 为自由能 ψ，熵 s，应力 $\boldsymbol{\tau}$ 和热流 $\boldsymbol{h}$ 的现时值，两者的关系即本构关系可用下述泛函关系表示出。

$$\begin{gathered} \psi=\underline{\mathscr{F}}(\boldsymbol{x}^t,T^t), \quad s=\underline{\mathscr{S}}(\boldsymbol{x}^t,T^t) \\ \boldsymbol{\tau}=\underline{\mathscr{T}}(\boldsymbol{x}^t,T^t), \quad \boldsymbol{h}=\underline{\mathscr{H}}(\boldsymbol{x}^t,T^t) \end{gathered} \tag{4.3.15}$$

本构泛函 $\underline{\mathscr{F}}$，$\underline{\mathscr{S}}$，$\underline{\mathscr{T}}$，$\underline{\mathscr{H}}$ 的作用是把位置和温度变化过程的历史转换成整个热力学过程，这些泛函应该满足热力学第一定律和第二定律。

在引用理性力学中的局部性原理和标架无关原理后，可以得出简单材料本构关系的一般表达式：

$$\psi = \underline{\mathscr{F}}\left(\boldsymbol{F}^t, T^t, \boldsymbol{q}^t\right), \quad s = \underline{\mathscr{L}}\left(\boldsymbol{F}^t, T^t, \boldsymbol{q}^t\right)$$

$$\boldsymbol{\tau} = \underline{\mathscr{T}}\left(\boldsymbol{F}^t, T^t, \boldsymbol{q}^t\right), \quad \boldsymbol{h} = \underline{\mathscr{H}}\left(\boldsymbol{F}^t, T^t, \boldsymbol{q}^t\right) \tag{4.3.16}$$

式中，$\boldsymbol{q} = \nabla T$ 为温度陡度向量。

(4) 熵不等式将对本构泛函的形式施加限制，如果把全部历史如 T^t 分成现时值 T 和过去历史 T_P^t，则在衰退记忆假定下，由连锁微分规则可得

$$\begin{aligned}
\dot{\psi} &= \frac{\mathrm{d}}{\mathrm{d}t}\underline{\mathscr{F}}\left(\boldsymbol{F}^t, T^t, \boldsymbol{q}^t\right) \\
&= \frac{\mathrm{d}}{\mathrm{d}t}\underline{\mathscr{F}}\left(\boldsymbol{F}, T, \boldsymbol{q}; \boldsymbol{F}_P^t, T_P^t, \boldsymbol{q}_P^t\right) \\
&= \frac{\partial \underline{\mathscr{F}}}{\partial \boldsymbol{F}} \cdot \dot{\boldsymbol{F}} + \frac{\partial \underline{\mathscr{F}}}{\partial T}\dot{T} + \frac{\partial \underline{\mathscr{F}}}{\partial \boldsymbol{q}} \cdot \dot{\boldsymbol{q}} - \underline{\mathscr{D}}\left(\boldsymbol{F}_P^t, T_P^t, \boldsymbol{q}_P^t\right)
\end{aligned} \tag{4.3.17}$$

这里，余项一 $\underline{\mathscr{D}}$ 是一泛函，表示 $\underline{\mathscr{F}}$ 对三种过去历史的弗雷歇特导数之和。再由熵不等式 (4.3.8) 及式 (4.3.6) 可知：

$$\left(\underline{\mathscr{T}} - \frac{\partial \underline{\mathscr{F}}}{\partial \boldsymbol{F}}\right) \cdot \dot{\boldsymbol{F}} - \left(\underline{\mathscr{L}} + \frac{\partial \underline{\mathscr{F}}}{\partial T}\right)\dot{T} + \frac{\partial \underline{\mathscr{F}}}{\partial \boldsymbol{q}} \cdot \dot{\boldsymbol{q}} + \underline{\mathscr{D}} + \frac{1}{T}\underline{\mathscr{H}} \cdot \boldsymbol{q} \geqslant 0 \tag{4.3.18}$$

此式适用于所有可能的历史，因而适用于任意的 $\dot{\boldsymbol{F}}, \dot{T}, \dot{\boldsymbol{q}}$。这样，要使不等式始终成立，除非：

$$\frac{\partial \underline{\mathscr{F}}}{\partial \boldsymbol{q}} = 0, \quad \boldsymbol{\tau}(t) = \underline{\mathscr{T}} = \frac{\partial \underline{\mathscr{F}}}{\partial \boldsymbol{F}}, \quad s(t) = \underline{\mathscr{L}} = -\frac{\partial \underline{\mathscr{F}}}{\partial T}, \quad \underline{\mathscr{F}} + \frac{\underline{\mathscr{H}}}{T} \cdot \boldsymbol{q} \geqslant 0 \tag{4.3.19}$$

这个由科尔曼得到的结果是理性热力学的重大成果，和其他三个与此相关的结果一起被称为科尔曼定理。

(1) 自由能泛函 $\underline{\mathscr{F}}$ 中不含温度陡度 $\boldsymbol{q}$，它是一个热力学势，可以由此唯一地确定广义应力泛函 $\underline{\mathscr{T}}$ 和熵泛函 $\underline{\mathscr{L}}$。泛函 $\underline{\mathscr{D}}$ 的值是内耗散 δ，也由泛函 $\underline{\mathscr{F}}$ 完全确定。

(2) 平衡反应函数和温度陡度无关，满足经典平衡态热力学的势关系。

(3) 由终止于可能平衡 “状态” 的过程所确定的内耗散是非负的。

(4) 在所有终止于可能平衡 “状态” 的温度和运动历史中，对应于恒定历史的 “状态” 具有最小的自由能。

理性热力学成功地应用于衰退记忆材料和其他黏弹性材料本构关系的研究中。反对派认为在温度和熵的存在问题上，理性热力学的物理基础不巩固。

5. 内变量理论

经典的可逆过程热力学和理性热力学都在本构方程中引进内部状态变量即内变量来反映热力学过程中材料的内部结构变化，以解决一些复杂的有内部耗散机制的材料性能的模拟或刻画问题。这些内变量可以是标量性的，如硬化参量、相变程度、损伤积累程度、晶格缺陷浓度、可动位错百分比、晶粒大小变化参量等；也可以是张量性的，如非弹性应变、位错环密度等；它们都是在宏观上不可观察的量，但是它们的变化反映了材料内部状态的变化，而对材料的外部反应有影响。如假定一共有 k 个内变量 $\xi_n\,(n=1,2,\cdots,k)$ 起作用，则本构方程包括两部分，一部分是联系外部状态和内部状态变量的状态方程：

$$\psi=\psi\left(\boldsymbol{F},T,\xi_n\right),\quad s=s\left(\boldsymbol{F},T,\xi_n\right)$$
$$\boldsymbol{\tau}=\boldsymbol{\tau}\left(\boldsymbol{F},T,\xi_n\right),\quad \boldsymbol{h}=\boldsymbol{h}\left(\boldsymbol{F},T,\boldsymbol{q},\xi_n\right) \tag{4.3.20}$$

另一部分是表达这些内变量如何演化的常微分方程组：

$$\dot{\xi}_n=\varphi_n\left(\boldsymbol{F},T,\boldsymbol{q},\xi_n\right)\quad(n=1,2,\cdots,k) \tag{4.3.21}$$

在一定的初始条件下，可以解出这些内变量对时间的依赖关系，从而也使状态方程通过内变量 $\xi_n\,(t)$ 反映对历史的依赖。

非平衡态热力学的各学派中有迈克斯内 (Meixner) 的被动主义学派和普里哥津 (Prigogine) 的广义热力学学派，他们在材料本构关系研究方面的应用，尚不多见。

第 5 章　本构方程的一般原理

5.1　本构方程理论体系的建立

材料本构关系理论的宏观研究目前都着眼于解决具有耗散机制的介质的热力学性质问题，企图建立包括热弹性、黏弹性、弹塑性、黏塑性、弹黏塑性在内的本构方程的统一理论体系。现在主要遵循着两条途径进行：①泛函表达，②内变量表述。两者都以不可逆过程热力学为基础。

在泛函表达中，采取一个**确定性原理**，认为物体 B 中粒子 $\boldsymbol{X}$ 在 t 时刻的热力学状态变量如应力 $\boldsymbol{\sigma}$，熵 S，自由能 ψ(或内能 u)，热流 $\boldsymbol{h}$ 之值是由 B 中所有粒子的运动历史和温度历史所确定的。

这个原理和经典的牛顿力学的确定性原理有重要的区别，在牛顿力学中认为：如果物体的初始状态 (位置和速度) 已知，那么物体在未来任何时候甚至过去的状态都可全部推定。而现代连续介质力学中，要确定未来的状态，不仅要知道初始状态，而且要知道过去所有的状态。它的数学表述是

$$\boldsymbol{\sigma}(\boldsymbol{X},t)=\hat{\boldsymbol{\sigma}}\left[\boldsymbol{x}\left(\boldsymbol{X}',t'\right),T\left(\boldsymbol{X}',t'\right);\boldsymbol{X},t\right] \tag{5.1.1}$$

$$S(\boldsymbol{X},t)=\hat{S}\left[\boldsymbol{x}(X',t'),T\left(\boldsymbol{X}',t'\right);\boldsymbol{X},t\right] \tag{5.1.2}$$

$$\psi(\boldsymbol{X},t)=\hat{\psi}\left[\boldsymbol{x}\left(\boldsymbol{X}',t'\right),T\left(\boldsymbol{X}',t'\right);\boldsymbol{X},t\right] \tag{5.1.3}$$

$$\boldsymbol{h}(\boldsymbol{X},t)=\hat{\boldsymbol{h}}\left[\boldsymbol{x}\left(\boldsymbol{X}',t'\right),T\left(\boldsymbol{X}',t'\right);\boldsymbol{X},t\right] \tag{5.1.4}$$

这里，$\boldsymbol{X}'$ 包括物体 B 中所有的粒子，t' 包括从现在时刻起回溯到过去任何时间。

$$\boldsymbol{X}'\in B,\quad -\infty<t'\leqslant t \tag{5.1.5}$$

所以，$\hat{\boldsymbol{\sigma}}$ 等是以全部粒子的运动历史函数 $\boldsymbol{x}\left(\boldsymbol{X}',t'\right)$ 和温度历史函数 $T\left(\boldsymbol{X}',t'\right)$ 为自变量的函数，叫做本构泛函或反应泛函，用此来刻画具有记忆能力的材料性质。式 (5.1.1)~ 式 (5.1.4) 右边也明显包含了变量 $\boldsymbol{X}$，t 作为参量，以便有可能表示本构性能在物体中的不均匀性和时效特性，在不需要考虑这些性质时，可以去掉不写。

多数材料在典型粒子 $\boldsymbol{X}$ 的行为只为该粒子附近很小的邻域 N 中的运动历史和温度历史所确定，因而就有所谓的**局部作用原理**，即

$$\boldsymbol{X}\in N\subset B \tag{5.1.6}$$

在 N 为无限小时，这类服从局部作用原理的性能实际上只决定于 $\boldsymbol{X}$ 处的变形陡度、温度及温度陡度三者的历史。又材料对于较久远的历史易于遗忘，因而可以由**短期记忆原理**，导出“率型”材料的本构方程，或者所谓的**减退记忆原理**，导出减退记忆材料的本构方程。

在内变量表述中，用内变量来表示物质的内部状态，如硬化程度、相变程度、化学反应程度、损伤积累程度、晶格缺陷浓度、可动位错百分比、位错环密度、非弹性应变等。内变量的变化反映了物质内部结构的变化，这种变化一般是伴有能量损耗的不可逆过程。材料对于运动历史和温度历史的依赖关系隐含在内变量随时间变化率对独立变量 (包括内变量自身在内) 的依赖关系中，这种关系就是演化方程或率方程。这样，在内变量表述中本构方程的一般形式为

$$\boldsymbol{\sigma}=\hat{\boldsymbol{\sigma}}\left(a_k,T,\xi_\alpha\right) \tag{5.1.7}$$

$$S=\hat{S}\left(a_k,T,\xi_\alpha\right) \tag{5.1.8}$$

$$\psi=\hat{\psi}\ \left(a_k,T,\xi_\alpha\right) \tag{5.1.9}$$

$$\boldsymbol{h}=\hat{\boldsymbol{h}}\left(a_k,T,\xi_\alpha\right) \tag{5.1.10}$$

$$\dot{\xi}_\alpha=\hat{\xi}_\alpha\left(a_k,T,\xi_\alpha\right)\quad(\alpha=1,2,\cdots,k) \tag{5.1.11}$$

式中，a_k 为外部运动变量，T 为温度变量，ξ_α 为 k 个内变量。最后 k 个式子 (5.1.11) 就是内变量的演化方程。

这两种表述方法虽然可以等价地表述许多材料的热力学性质，但就目前发展状况来说，谁也不能把另一种表述包含在自己的范围里。

对于两种表述方法来说，本构方程都要遵循一些共同的原理，以保证理论体系的正确性。这些原理有：

(1)**坐标不变性原理** —— 本构关系与坐标的选择无关。这一点在采用张量表述时就自动满足。

(2)**参考标架无关原理** —— 本构关系对于相互做刚性运动的各个参考标架来说，应有同样的形式，或者说本构关系对于不同运动的观察者都一样。这个原理也叫客观性原理。

5.2 标架无关原理对本构方程形式的限制

参考标架无关原理要求，在参考标架任意的刚性运动和时间原点的任意挪移之下本构方程的形式不变，也即在变换式 (2.8.1) 之下本构方程的形式具有不变性。例如，对本构泛函 $\hat{\boldsymbol{\sigma}}$ 要求其形式不变，即在参考标架变换前后：

$$\boldsymbol{\sigma}=\hat{\boldsymbol{\sigma}}\left[\boldsymbol{x}\left(\boldsymbol{X}',t'\right),T\left(\boldsymbol{X}',t'\right)\right]$$

$$\tilde{\boldsymbol{\sigma}}=\hat{\boldsymbol{\sigma}}\left[\tilde{\boldsymbol{x}}\left(\boldsymbol{X}',\tilde{t}'\right),\tilde{T}\left(\boldsymbol{X}',\tilde{t}'\right)\right]$$

注意到有 $\tilde{\boldsymbol{\sigma}}=\boldsymbol{Q}\boldsymbol{\sigma}\boldsymbol{Q}^{\mathrm{T}}$，因而有

$$\hat{\boldsymbol{\sigma}}\left[\tilde{\boldsymbol{x}}\left(\boldsymbol{X}',\tilde{t}'\right),\tilde{T}\left(\boldsymbol{X}',\tilde{t}'\right)\right]=\boldsymbol{Q}\hat{\boldsymbol{\sigma}}\left[\boldsymbol{x}\left(\boldsymbol{X}',t'\right),T\left(\boldsymbol{X}',t'\right)\right]\boldsymbol{Q}^{\mathrm{T}} \tag{5.2.1}$$

式中

$$\tilde{\boldsymbol{x}}\left(\boldsymbol{X}',\tilde{t}'\right)=\boldsymbol{Q}\left(t'\right)\boldsymbol{x}\left(\boldsymbol{X}',t'\right)+\boldsymbol{C}\left(t'\right) \tag{5.2.2}$$

$$\tilde{T}\left(\boldsymbol{X}',\tilde{t}'\right)=T\left(\boldsymbol{X}',t'\right) \tag{5.2.3}$$

$$\tilde{t}=t'+a \tag{5.2.4}$$

这个原理对任意的 $\boldsymbol{Q},\boldsymbol{C},a$ 都成立，现在取

$$\boldsymbol{Q}\left(t'\right)=\boldsymbol{I},\quad \boldsymbol{C}\left(t'\right)=-\boldsymbol{x}\left(\boldsymbol{X},t'\right),\quad a=-t \tag{5.2.5}$$

即令第一参考系对第二参考系没有转动，令第二参考系和粒子 $\boldsymbol{X}$ 一起平移 (图 5.2.1)，又令两个参考系里所带时钟的时差恰好等于第一参考系里的观察者研究粒子 $\boldsymbol{X}$ 性质的那个时刻 (图 5.2.2)。这个时刻当然就是第二参考系的时间原点，所以

$$\tilde{t}=t+a=t-t=0 \tag{5.2.6}$$

$$\tilde{t}'=t'+a=t'-t\equiv-\tau \tag{5.2.7}$$

式中，$\tau=t-t'$ $(0\leqslant\tau<\infty)$，表示第一参考系里的观察者所感到的流逝时间，$\tau=0$ 表示现在，$\tau>0$ 表示过去。

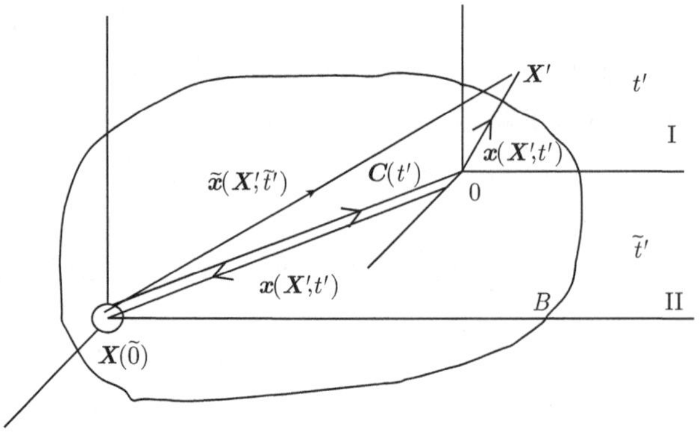

图 5.2.1

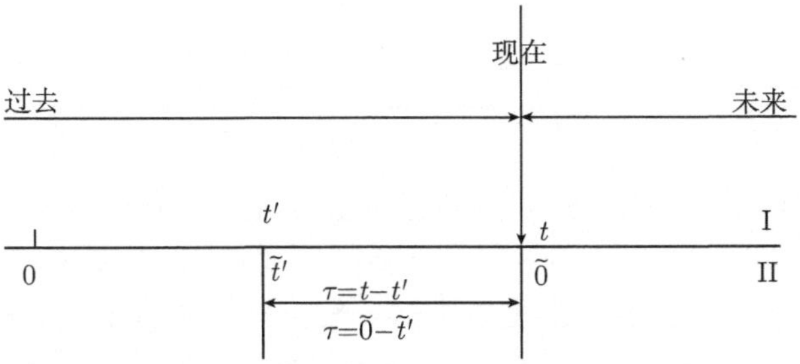

图 5.2.2

在这样一种特殊的参考标架变换之下，式 (5.2.2) 成为

$$\tilde{\boldsymbol{x}} = \left(\boldsymbol{X}', \tilde{t}'\right) = \boldsymbol{x}\left(\boldsymbol{X}', t'\right) - \boldsymbol{x}\left(\boldsymbol{X}, t'\right) \tag{5.2.8}$$

于是，运动历史和温度历史的变换规律成为

$$\tilde{\boldsymbol{x}}\left(\boldsymbol{X}', \tilde{t}'\right) = \boldsymbol{x}\left(\boldsymbol{X}', t-\tau\right) - \boldsymbol{x}\left(\boldsymbol{X}, t-\tau\right) \tag{5.2.9}$$

$$\tilde{T}\left(\boldsymbol{X}', \tilde{t}'\right) = T\left(\boldsymbol{X}', t-\tau\right) \tag{5.2.10}$$

而标架无关原理对本构泛函形式的限制变为

$$\hat{\boldsymbol{\sigma}}\left[\tilde{\boldsymbol{x}}\left(\boldsymbol{X}', \tilde{t}'\right), \tilde{T}\left(\boldsymbol{X}', \tilde{t}'\right)\right] = \hat{\boldsymbol{\sigma}}\left[\boldsymbol{x}\left(\boldsymbol{X}', t-\tau\right) - \boldsymbol{x}\left(\boldsymbol{X}, t-\tau\right), T\left(\boldsymbol{X}', t-\tau\right)\right] \tag{5.2.11}$$

再加上局部作用原理的要求，$\boldsymbol{X}'$ 只在 $\boldsymbol{X}$ 的任意小的邻域 N 中起作用 $(\boldsymbol{X}' \in N \subset B)$，因此可将上式中的 $\boldsymbol{x}$ 和 T 在 $\boldsymbol{X}$ 的附近作 Taylor 展开：

$$\boldsymbol{x}\left(\boldsymbol{X}'\right) = \boldsymbol{x}\left(\boldsymbol{X}\right) + \boldsymbol{F}\left(\boldsymbol{X}\right)\left(\boldsymbol{X}' - \boldsymbol{X}\right) + \cdots$$

$$T\left(\boldsymbol{X}'\right) = T\left(\boldsymbol{X}\right) + \boldsymbol{G}\left(\boldsymbol{X}\right)\left(\boldsymbol{X}' - \boldsymbol{X}\right) + \cdots$$

如果级数只取到一阶导数为止，这类材料叫做**简单材料**。把展开式代入式 (5.2.9) 和式 (5.2.10) 中，再把结果代入式 (5.2.11) 中，将发现本构泛函 $\hat{\sigma}$ 等将只是 $\boldsymbol{F}$、T 和 $\boldsymbol{G}$ 的函数。鉴于 Fourier 热传导的经验定律中热流 $\boldsymbol{h}$ 依赖于温度的空间陡度 $\boldsymbol{q}$，所以在本构关系中把 $\boldsymbol{G}$ 改为 $\boldsymbol{q}$，这样就得出满足标架无关原理和局部作用原理的简单材料本构方程的一般形式

$$\begin{aligned} \boldsymbol{\sigma} &= \hat{\boldsymbol{\sigma}}\left(\boldsymbol{F}^t, T^t, \boldsymbol{q}^t\right) \\ S &= \hat{S}\left(\boldsymbol{F}^t, T^t, \boldsymbol{q}^t\right) \\ \psi &= \hat{\psi}\left(\boldsymbol{F}^t, T^t, \boldsymbol{q}^t\right) \\ \boldsymbol{h} &= \hat{\boldsymbol{h}}\left(\boldsymbol{F}^t, T^t, \boldsymbol{q}^t\right) \end{aligned} \tag{5.2.12}$$

这里，$\boldsymbol{F}^t, T^t, \boldsymbol{q}^t$ 是下列有关诸量的简写

$$\boldsymbol{F}^t = \boldsymbol{F}(t-\tau), \quad T^t = T(t-\tau), \quad \boldsymbol{q}^t = \boldsymbol{q}(t-\tau) \tag{5.2.13}$$

至于式 (5.2.12) 中全部泛函都有同样的三个自变量，这是所谓**等存在原理**的要求，因为没有理由不如此，除非它和某些自然界的普遍规律 (如熵不等式) 相冲突。

以上所讲是本构方程的泛函表述中的一般形式，这些推理和结论看来也可用在内变量表述中，只是把泛函改成函数，把对历史的依赖关系隐含在内变量的演化方程中，所有的本构函数中都增加了内变量作为自变量。这样用内变量表述的简单材料的本构方程一般形式如下：

$$\begin{aligned}
\boldsymbol{\sigma} &= \hat{\boldsymbol{\sigma}}(\boldsymbol{F}, T, \boldsymbol{q}, \xi_\alpha) \\
S &= \hat{S}(\boldsymbol{F}, T, \boldsymbol{q}, \xi_\alpha) \\
\psi &= \hat{\psi}(\boldsymbol{F}, T, \boldsymbol{q}, \xi_\alpha) \\
\boldsymbol{h} &= \hat{\boldsymbol{h}}(\boldsymbol{F}, T, \boldsymbol{q}, \xi_\alpha) \\
\dot{q}_\alpha &= \hat{q}_\alpha(\boldsymbol{F}, T, \boldsymbol{q}, \xi_\alpha) \quad (\alpha = 1, 2, \cdots, k)
\end{aligned} \tag{5.2.14}$$

内变量 ξ_α 前已提过可以是标量，也可以是张量，我们这里的记法是把每个张量有几个分量就作为几个内变量，所以这里的 ξ_α 全部按标量处理，它们在参考坐标变换时都作为不变量看待。

在参考坐标变换时，式 (5.2.14) 中的全部变量的变换规律如下：

$$\begin{array}{llll}
T \to T & S \to S & \psi \to \psi & \xi_\alpha \to \xi_\alpha \\
\boldsymbol{F} \to \boldsymbol{QF} & \boldsymbol{q} \to \boldsymbol{Qq} & \boldsymbol{h} \to \boldsymbol{Qh} & \boldsymbol{\sigma} \to \boldsymbol{Q\sigma Q}^{\mathrm{T}}
\end{array} \tag{5.2.15}$$

因此，为使本构函数的形式是标架无关的，必须有

$$\begin{aligned}
&\boldsymbol{Q}\,\hat{\boldsymbol{\sigma}}(\boldsymbol{F}, T, \boldsymbol{q}, \xi_\alpha)\,\boldsymbol{Q}^{\mathrm{T}} = \hat{\boldsymbol{\sigma}}(\boldsymbol{QF}, T, \boldsymbol{Qq}, \xi_\alpha) \\
&\hat{S}(\boldsymbol{F}, T, \boldsymbol{q}, \xi_\alpha) = \hat{S}(\boldsymbol{QF}, T, \boldsymbol{Qq}, \xi_\alpha) \\
&\hat{\psi}(\boldsymbol{F}, T, \boldsymbol{q}, \xi_\alpha) = \hat{\psi}(\boldsymbol{QF}, T, \boldsymbol{Qq}, \xi_\alpha) \\
&\boldsymbol{Q}\hat{\boldsymbol{h}}(\boldsymbol{F}, T, \boldsymbol{q}, \xi_\alpha) = \hat{\boldsymbol{h}}(\boldsymbol{QF}, T, \boldsymbol{Qq}, \xi_\alpha) \\
&\hat{q}_\alpha(\boldsymbol{F}, T, \boldsymbol{q}, \xi_\alpha) = \hat{q}_\alpha(\boldsymbol{QF}, T, \boldsymbol{Qq}, \xi_\alpha)
\end{aligned} \tag{5.2.16}$$

这里的本构函数有标量值的、向量值的和张量值的，现以张量值本构函数 $\boldsymbol{\sigma}$ 为例来说明式 (5.2.16) 所能简化成的形式 (自变量中的标量部分因在标架变换中是不变量，暂时略去不写)：

$$\boldsymbol{Q}\hat{\boldsymbol{\sigma}}\boldsymbol{Q}^{\mathrm{T}} = \hat{\boldsymbol{\sigma}}(\boldsymbol{QF}, \boldsymbol{Qq}) \tag{5.2.17}$$

把右边的 $\boldsymbol{F}$ 作极分解，得

$$\boldsymbol{Q}\,\hat{\boldsymbol{\sigma}}\boldsymbol{Q}^{\mathrm{T}} = \hat{\boldsymbol{\sigma}}\left(\boldsymbol{QRU},\, \boldsymbol{Qq}\right) \tag{5.2.18}$$

这式子对任意 $\boldsymbol{Q}$ 都要满足，令取 $\boldsymbol{Q} = R^{\mathrm{T}} = \left(\boldsymbol{F}\boldsymbol{U}^{-1}\right)^{\mathrm{T}}$ 则可得

$$\boldsymbol{\sigma} = \hat{\boldsymbol{\sigma}}\left(\boldsymbol{F}, \boldsymbol{q}\right) = \boldsymbol{F}\boldsymbol{U}^{-1}\hat{\boldsymbol{\sigma}}\left(\boldsymbol{U}, \boldsymbol{U}^{-1}\boldsymbol{F}^{\mathrm{T}}\boldsymbol{q}\right)\boldsymbol{U}^{-1}\boldsymbol{F}^{\mathrm{T}} \tag{5.2.19}$$

因为 $\boldsymbol{U} = \sqrt{\boldsymbol{I}+2\boldsymbol{E}}$，所以式 (5.2.19) 可以写成 $\boldsymbol{E}$ 和 $\boldsymbol{G} = \boldsymbol{F}^{\mathrm{T}}\boldsymbol{q}$ 的函数，但是函数的形式有所变动

$$\boldsymbol{\sigma} = \frac{1}{J}\boldsymbol{F}\boldsymbol{\Sigma}^{*}\left(\boldsymbol{E}, \boldsymbol{G}\right)\boldsymbol{F}^{\mathrm{T}} \tag{5.2.20}$$

式中

$$\boldsymbol{\Sigma}^{*}\left(\boldsymbol{E}, \boldsymbol{G}\right) = J\boldsymbol{U}^{-1}\hat{\boldsymbol{\sigma}}\left(\boldsymbol{U}, \boldsymbol{U}^{-1}\boldsymbol{G}\right)\boldsymbol{U}^{-1} \quad \left(\boldsymbol{U}=\sqrt{\boldsymbol{I}+2\boldsymbol{E}}\right) \tag{5.2.21}$$

于是，最后可得

$$\boldsymbol{\Sigma} = \boldsymbol{\Sigma}^{*}\left(\boldsymbol{E}, \boldsymbol{G}\right) \tag{5.2.22}$$

仿此，其他本构函数也可类似地约化，而得

$$\begin{aligned}
\boldsymbol{\Sigma} &= \boldsymbol{\Sigma}^{*}\left(\boldsymbol{E}, T, \boldsymbol{G}, \xi_{\alpha}\right) \\
S &= S^{*}\left(\boldsymbol{E}, T, \boldsymbol{G}, \xi_{\alpha}\right) \\
\psi &= \psi^{*}\left(\boldsymbol{E}, T, \boldsymbol{G}, \xi_{\alpha}\right) \\
\boldsymbol{h} &= \boldsymbol{F}\boldsymbol{h}^{*}\left(\boldsymbol{E}, T, \boldsymbol{G}, \xi_{\alpha}\right) \\
\dot{\xi}_{\alpha} &= \xi_{\alpha}^{*}\left(\boldsymbol{E}, T, \boldsymbol{G}, \xi_{\alpha}\right) \quad (\alpha = 1, 2, \cdots, k)
\end{aligned} \tag{5.2.23}$$

泛函表述可以有完全类似的结果，只要把内变量 ξ_{α} 去掉，换上 $\boldsymbol{E}, T, \boldsymbol{G}$ 的历史。

弹性材料对历史无记忆，即在泛函表述中 $\tau = 0$，弹性材料没有反映结构变化的耗散机制，所以在内变量表述中 $\xi_{\alpha} = 0$，两种表述化成同一种形式。

5.3 许可性原理对本构方程形式的限制

本构方程中所涉及的状态变量，现在共计有外部状态变量 $\boldsymbol{x}\left(\boldsymbol{X}, t\right), T\left(\boldsymbol{X}, t\right)$, $\boldsymbol{\sigma}\left(\boldsymbol{X}, t\right), \boldsymbol{S}\left(\boldsymbol{X}, t\right)$, $\psi\left(\boldsymbol{X}, t\right), \boldsymbol{h}\left(\boldsymbol{X}, t\right)$，再加上密度 $\rho\left(\boldsymbol{X}, t\right)$ 共 16 个，还有内部状态变量 ξ_{α} 共有 k 个，总计 $16 + k$ 个。这些量随时间的变化，加上变化着的外力 $\boldsymbol{b}\left(\boldsymbol{X}, t\right)$ 和外热源 $r\left(\boldsymbol{X}, t\right)$，构成物体 B 内部粒子的一个热力学过程 (我们以前本构方程的讨论中没有涉及密度 ρ，实际上是考虑到质量守恒 $\rho = \rho_0/J$，既然 J 是 $\boldsymbol{F}$ 的函数，最终可由运动 $\boldsymbol{x}\left(\boldsymbol{X}, t\right)$ 求出，ρ 也就不是独立的，因而暗中把它去掉了)。

在这 $16+k$ 个状态变量中，我们建立起 $11+k$ 个本构方程。其中，包括 11 个状态方程和 k 个内变量的演化方程：

$$\begin{aligned}&\boldsymbol{\sigma}=\hat{\boldsymbol{\sigma}}\left(\boldsymbol{F},T,\boldsymbol{q},\xi_\alpha\right),\quad S=\hat{S}\left(\boldsymbol{F},T,\boldsymbol{q},\xi_\alpha\right)\\&\psi=\hat{\psi}\left(\boldsymbol{F},T,\boldsymbol{q},\xi_\alpha\right),\quad \boldsymbol{h}=\hat{\boldsymbol{h}}\left(\boldsymbol{F},T,\boldsymbol{q},\xi_\alpha\right)\\&\dot{\boldsymbol{\xi}}_\alpha=\hat{\boldsymbol{\xi}}_\alpha\left(\boldsymbol{F},T,\boldsymbol{q},\xi_\alpha\right)\quad(\alpha=1,2,\cdots,k)\end{aligned}\tag{5.3.1}$$

许可性原理要求这些本构方程一定和 5 个均衡 (守恒) 方程相容：

$$\begin{aligned}&\dot{\rho}+\rho\,\mathrm{div}\boldsymbol{v}=0\\&\rho\dot{\boldsymbol{v}}-\mathrm{div}\boldsymbol{\sigma}=\rho\boldsymbol{b}\\&\rho\dot{u}-\boldsymbol{\sigma}\cdot\boldsymbol{L}-\mathrm{div}\boldsymbol{h}=\rho r\end{aligned}\tag{5.3.2}$$

还要和熵不等式相容：

$$\delta=-\rho\left(\dot{\psi}+S\dot{T}\right)+\boldsymbol{\sigma}\cdot\boldsymbol{L}+\frac{1}{T}\boldsymbol{h}\cdot\boldsymbol{g}\geqslant 0\tag{5.3.3}$$

如果本构方程 (5.3.1) 已满足许可性原理，那么，5 个守恒方程加上 $11+k$ 个本构方程一共 $16+k$ 个方程就可构成一个封闭的方程组，在给定的外力和热源并在一定的边界和初始条件下解出 $16+k$ 个未知状态变量，而不会发生自相矛盾的事。

反之，如果人为地去规定一个热力学过程，我们只须选择上述 $16+k$ 个状态变量，当然它们一定要受到本构方程 (5.3.1) 的制约，还要受到均衡方程 (5.3.2) 和熵不等式 (5.3.3) 的制约。

连续方程是自然满足的，动量方程和能量方程中有未定的 $\boldsymbol{b}(\boldsymbol{X},t)$ 和 $r(\boldsymbol{X},t)$，我们只要把 $16+k$ 个已规定的量代入，把 $\boldsymbol{b},r$ 算出，那么动量方程和能量方程就满足了。问题在于还必须额外地满足熵不等式。熵不等式对本构方程施加了严厉的限制，并可把几个效应分离开来，例如接着就将来证明，$\psi,S,\boldsymbol{\sigma}$ 不依赖于 $\boldsymbol{q}$，只有热流 $\boldsymbol{h}$ 和 $\boldsymbol{q}$ 是相关的。

把式 (5.3.1) 中的 ψ 对时间微商，得

$$\dot{\psi}=\frac{\partial\psi}{\partial\boldsymbol{F}}\cdot\dot{\boldsymbol{F}}+\frac{\partial\psi}{\partial T}\dot{T}+\frac{\partial\psi}{\partial\boldsymbol{q}}\cdot\dot{\boldsymbol{q}}+\frac{\partial\psi}{\partial\xi_\alpha}\dot{\xi}_\alpha\tag{5.3.4}$$

代入熵不等式 (5.3.3) 中，记住 $\boldsymbol{\sigma}\cdot\boldsymbol{L}=\boldsymbol{\sigma}\left(\boldsymbol{F}^{-1}\right)^{\mathrm{T}}\cdot\dot{\boldsymbol{F}}$ 就有

$$\begin{aligned}\delta=&\left\{\boldsymbol{\sigma}\left(\boldsymbol{F}^{-1}\right)^{\mathrm{T}}-\rho\frac{\partial\psi}{\partial\boldsymbol{F}}\right\}\cdot\dot{\boldsymbol{F}}-\rho\left(S+\frac{\partial\psi}{\partial T}\right)\dot{T}\\&-\rho\frac{\partial\psi}{\partial\boldsymbol{q}}\cdot\dot{\boldsymbol{q}}-\rho\frac{\partial\psi}{\partial\xi_\alpha}\dot{\xi}_\alpha+\frac{1}{T}\boldsymbol{h}\cdot\boldsymbol{q}\geqslant 0\end{aligned}\tag{5.3.5}$$

如果任意地选取 $\dot{\boldsymbol{F}}, \dot{T}, \dot{\boldsymbol{q}}$，便可以在 $\boldsymbol{X}, t$ 的任意小的邻域中构筑一运动函数 $\boldsymbol{x}(\boldsymbol{X}, t)$ 和一温度函数 $T(\boldsymbol{X}, t)$，再加上任选的内变量初值 $\xi_{\alpha 0}$，可以从演化方程解出 $\xi_\alpha = \xi_\alpha(\boldsymbol{X}, t)$，代入几个状态方程从而得到 $\boldsymbol{\sigma}(\boldsymbol{X}, t)$，$S(\boldsymbol{X}, t)$，$\psi(\boldsymbol{X}, t)$ 和 $\boldsymbol{h}(\boldsymbol{X}, t)$。为使这样得出的一个热力学过程是**许可的**，必须使不等式 (5.3.5) 满足，为使任意选择的 $\dot{\boldsymbol{F}}, \dot{T}, \dot{\boldsymbol{q}}$ 都满足式 (5.3.5)，就必须使式 (5.3.5) 中 $\dot{\boldsymbol{F}}, \dot{T}, \dot{\boldsymbol{q}}$ 的系数都等于零：

$$\boldsymbol{\sigma}(\boldsymbol{F}^{-1})^{\mathrm{T}} - \rho\frac{\partial\psi}{\partial\boldsymbol{F}} = 0 \tag{5.3.6}$$

$$\rho\left(S + \frac{\partial\psi}{\partial T}\right) = 0 \tag{5.3.7}$$

$$\rho\frac{\partial\psi}{\partial\boldsymbol{q}} = 0 \tag{5.3.8}$$

从式 (5.3.8) 可知，由于密度 ρ 总不等于零，因而自由能 ψ 不依赖于温度陡度 $\boldsymbol{q}$

$$\psi = \psi(\boldsymbol{F}, T, \xi_\alpha) \tag{5.3.9}$$

而由式 (5.3.6) 和式 (5.3.7) 可知

$$\boldsymbol{\sigma} = \rho\frac{\partial\psi}{\partial\boldsymbol{F}}\boldsymbol{F}^{\mathrm{T}} = \hat{\boldsymbol{\sigma}}(F, T, \xi_\alpha) \tag{5.3.10}$$

$$S = -\frac{\partial\psi}{\partial T} = \hat{S}(\boldsymbol{F}, T, \xi_\alpha) \tag{5.3.11}$$

式 (5.3.10) 也可写成以 Piola 应力张量 $\boldsymbol{S}$ 和 Piola-Kirchhoff 应力张量 $\boldsymbol{\Sigma}$ 表示的其他形式

$$\dot{w}_s = \frac{\boldsymbol{\sigma}\cdot\boldsymbol{L}}{\rho} = \frac{\boldsymbol{\sigma}\cdot\boldsymbol{D}}{\rho} = \frac{\boldsymbol{\sigma}\cdot\dot{\boldsymbol{E}}_t(t)}{\rho} = \frac{\boldsymbol{S}\cdot\dot{\boldsymbol{F}}}{\rho_0} = \frac{\boldsymbol{\Sigma}\cdot\dot{\boldsymbol{E}}}{\rho_0} \tag{5.3.12}$$

$$\boldsymbol{S} = -\rho_0\frac{\partial\psi}{\partial\boldsymbol{F}} \tag{5.3.13}$$

$$\boldsymbol{\Sigma} = \rho_0\frac{\partial\psi}{\partial\boldsymbol{E}} \tag{5.3.14}$$

这是可以从式 (3.5.12) 推知的。从这些式子可以看出自由能 ψ 可以看成一个势，应力和熵可以从这个势导出。最后，熵不等式 (5.3.5) 中只留下：

$$\delta = -\rho\frac{\partial\psi}{\partial\xi_\alpha}\dot{\xi}_\alpha + \frac{1}{T}\boldsymbol{h}\cdot\boldsymbol{q} \geqslant 0 \tag{5.3.15}$$

第一项是内变量引起的耗散，第二项是热传导引起的耗散。对于可以导热的热弹性体，$\xi_\alpha = 0$，所以

$$\delta = +\frac{1}{T}\boldsymbol{h}\cdot\boldsymbol{q} \geqslant 0 \tag{5.3.16}$$

对于一般的含内变量的耗散介质，Prigogine 的研究可以推出，内变量不能依赖于 $\boldsymbol{q}$，由此，式 (5.3.15) 首项完全独立于 $\boldsymbol{q}$，故必须有

$$\rho\frac{\partial\psi}{\partial\xi_\alpha}\dot{\xi}_\alpha \leqslant 0 \tag{5.3.17}$$

此式表示内部过程使自由能降低。

第6章　弹　　性

6.1　弹性和超弹性

单纯的非线性弹性体本构关系的讨论引起人们很大的兴趣，因为一方面有一些实际材料在相当大的变形下仍具有弹性性质；另一方面它给性能较复杂的材料的描述提供了基础。

所谓弹性材料是对于过去的经历没有记忆的材料，它对运动和温度的反应完全取决于当前的状态。这意思就是说，弹性材料的反应是路径无关的。只要过去的历史积累到当前的同样的构形，那么不管过去的变形历史多么不同，弹性材料的反应是相同的。

不计温度影响和耗散效应，简单弹性材料的本构关系可以从式 (5.2.14) 得出：

$$\boldsymbol{\sigma} = \hat{\boldsymbol{\sigma}}(\boldsymbol{F}) \tag{6.1.1}$$

或者从经过标架无关原理处理过的式 (5.2.22) 得出：

$$\boldsymbol{\Sigma} = \hat{\boldsymbol{\Sigma}}(\boldsymbol{E}) \tag{6.1.2}$$

张量符号 $\hat{\boldsymbol{\Sigma}}$ 对 Green 应变 $\boldsymbol{E}$ 的导数是一个四阶张量，叫做弹性张量，

$$C_{LMNK} = \frac{\mathrm{d}\hat{\boldsymbol{\Sigma}}_{LM}(\boldsymbol{E})}{\mathrm{d}E_{NK}} \tag{6.1.3}$$

由于 Piola-Kirchhoff 应力张量 $\boldsymbol{\Sigma}$ 和 Green 应变张量的对称性，四阶弹性张量具有下述对称性：

$$C_{LMNK} = C_{MLNK} = C_{LMKN} = C_{MLKN} \tag{6.1.4}$$

即 81 个分量中留下 36 个独立分量。弹性张量不是常数，而是随着应力大小变化的，这正是非线性弹性的一个特点。

以上的弹性本构关系只是简单地表明，应力是应变的函数，服从这种关系的材料叫做 Cauchy 弹性体。

另有一种多一层限制的弹性材料，叫做**超弹性体**，这就是受到了热力学限制的弹性材料，其本构关系可自式 (5.3.14) 得出：

$$\boldsymbol{\Sigma} = \rho_0 \frac{\partial \psi(\boldsymbol{E})}{\partial \boldsymbol{E}} \tag{6.1.5}$$

这里，自由能 $\psi(\boldsymbol{E})$ 只是应变的函数。由于不考虑热效应，故由式 (4.2.17) 它也就是单位质量内能。而由式 (4.2.9) 可知它是由单位质量的**变形功**w_s 转化的。按式 (4.5.12),

$$\psi = u = w_s = \frac{1}{\rho_0}\int \boldsymbol{\Sigma}\cdot \mathrm{d}\boldsymbol{E} = \int \frac{\boldsymbol{\sigma}\cdot\boldsymbol{D}}{\rho}\mathrm{d}t \tag{6.1.6}$$

因此，这里的 ψ 或 u 叫做**应变能**。

在超弹性的情况下，当然也可以用和式 (6.1.3) 同样的办法来定义四阶弹性张量：

$$C_{LMNK} = \frac{\partial \Sigma_{LM}}{\partial E_{NK}} = \rho_0 \frac{\partial^2\psi}{\partial E_{LM}\partial E_{NK}} \tag{6.1.7}$$

这个弹性张量享受式 (6.1.4) 一样的对称性，由于式 (6.1.1) 中 E_{LM} 和 E_{NK} 位置可以交换，所以由式 (6.1.7) 定义的弹性张量多了一重对称性，即

$$C_{LMNK} = C_{NKLM} \tag{6.1.8}$$

这样的弹性张量叫做完全对称的，它的独立分量数是 21 个。

以上所讨论的是各向异性的弹性材料。许多材料具有各向同性性质，即无论物质坐标轴怎样旋转，函数 $\hat{\boldsymbol{\Sigma}}(\boldsymbol{E})$ 的形式要保持不变。如果令 $\boldsymbol{Q}$ 表示物质坐标的旋转，那么仿照参考标架旋转中本构函数形式不变性的讨论，可得

$$\boldsymbol{Q}\hat{\boldsymbol{\Sigma}}\boldsymbol{Q}^{\mathrm{T}} = \hat{\boldsymbol{\Sigma}}\left(\boldsymbol{Q}\boldsymbol{E}\boldsymbol{Q}^{\mathrm{T}}\right) \tag{6.1.9}$$

而由式 (1.12.2)，可知 $\hat{\boldsymbol{E}}$ 是张量值的各向同性张量函数；再由式 (1.12.9)，$\hat{\boldsymbol{\Sigma}}$ 可以表示为

$$\boldsymbol{\Sigma} = \hat{\boldsymbol{\Sigma}}(\boldsymbol{E}) = \varphi_0(\mathrm{I},\mathrm{II},\mathrm{III})\boldsymbol{I} + \varphi_1(\mathrm{I},\mathrm{II},\mathrm{III})\boldsymbol{E} + \varphi_2(\mathrm{I},\mathrm{II},\mathrm{III})\boldsymbol{E}^2 \tag{6.1.10}$$

式中，Ⅰ, Ⅱ, Ⅲ 是张量 E 的三个主不变量。

如 $\hat{\boldsymbol{\Sigma}}$ 是 $\boldsymbol{E}$ 的线性函数，则 φ_0 中只包含 $\boldsymbol{E}$ 的一次项即 $\lambda(t,\boldsymbol{E})$，$\varphi_1$ 中只能包含 $\boldsymbol{E}$ 的零次项即常数，设为 2μ，而 φ_2 必须为零，于是

$$\boldsymbol{\Sigma} = \lambda(t,\boldsymbol{E})\boldsymbol{I} + 2\mu\boldsymbol{E} \tag{6.1.11}$$

或其分量形式

$$\Sigma_{LM} = \lambda E_{KK}\delta_{LM} + 2\mu E_{LM} \qquad \text{(拟线性方程)} \tag{6.1.12}$$

6.2 热弹性流体 —— 高压下固体的流体动力模型

热弹性流体指的是不能抗拒剪切变形的物质，由于高度的压缩使得物质内部产生不能忽视的热效应：假定物质的黏性和热传导可以忽略，这样的物质就是平常所谓的理想流体。如果再进一步认为分子间的相互作用势能可以忽略不计，这就是所谓的完全气体。理想流体和完全气体都是热弹性流体的特例。在这种无黏非导热的热弹性流体中物质对粒子运动和温度的反应是瞬时的，没有内部耗散，因而不需要引入泛函表述或内变量表述，本构方程简单地以状态方程的形式出现。

在高压和高速变形下固体的行为和热弹性流体很接近。由于高压，就可以略去反映抵抗剪切能力的强度的影响；对固体的高度压缩除增加应变能外还增加“热能”；高速变形则可以把粒子之间的热传导效应略而不计。因此在高压和高速变形下的固体可以用无黏非导热的热弹性流体来模拟。对单位质量的固体、微体表面的应力所做的变形功率为

$$\dot{w}_s = -P\dot{v} + \frac{1}{\rho}\boldsymbol{\sigma}' \cdot \boldsymbol{D}' \tag{6.2.1}$$

在高压下第二项和第一项相比可以忽略，因而

$$\dot{w}_s = -P\dot{v} \tag{6.2.2}$$

这和流体完全一样，而热力学第一定律和第二定律变成

$$\dot{u} = T\dot{S} - P\dot{v} \tag{6.2.3}$$

于是，可用经典的平衡态热力学来讨论问题。

在热力学平衡条件下，弹性流体的热力学状态变量 $P, v, T, S, u, \cdots$ 中，只有两个是独立的。这两个状态变量是可以任意选择的，再选第三个变量找出这三者之间的依赖关系，就是所谓状态方程。由于状态变量间的不同搭配，就可构成两类状态方程。一类是**完全的状态方程**，如与 6.2 节中已经出现过的自由能 $\psi = \hat{\psi}(v, T)$ 有类似的关系，其他的状态函数如 P, S 等可以通过对作为热力学势函数的 $\hat{\psi}$ 求导而得出；另一类是**非完全的状态方程**，例如平常通过实验得出的 P, v, T 关系，只是部分地确定了物质的热力学性能，不能通过此类状态方程导出所有状态变量，而要由这类非完全的状态方程通过积分得出热力学势，配以合适的初始数据，提供后者所需的额外信息。

用传统的平衡态热力学方法可以简捷地来讨论完全的状态方程。人们已经发现了 4 个可以作为热力学势的状态函数，它们在各自的特定变量下形成 4 个特性函数 (参见图 6.2.1)：

(1) 自由能，$\psi=\hat{\psi}v,T)$;　(6.2.4)

(2) 内能，$u=\tilde{u}(v,S)=f+TS$;　(6.2.5)

(3) 焓，$H=\bar{H}(P,S)=u+pv$;　(6.2.6)

(4) 自由焓，$G=\check{G}(P,T)=H-TS$。　(6.2.7)

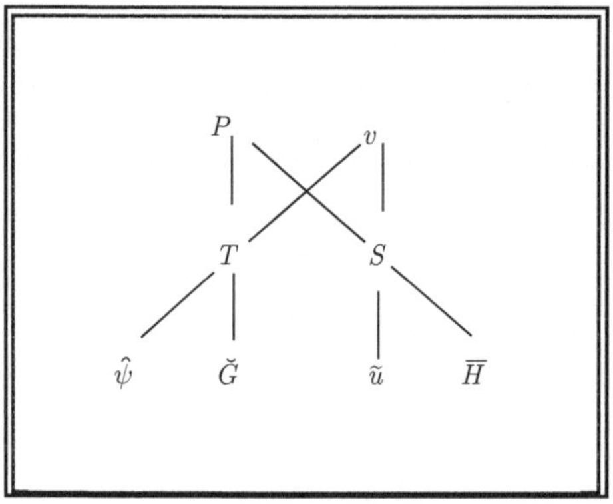

图 6.2.1

可以通过式 (6.2.3) 写出它们的全微分

$$\mathrm{d}\psi=-S\mathrm{d}T-P\mathrm{d}v \tag{6.2.8}$$

$$\mathrm{d}u=T\mathrm{d}S-P\mathrm{d}v \tag{6.2.9}$$

$$\mathrm{d}H=T\mathrm{d}S+v\mathrm{d}P \tag{6.2.10}$$

$$\mathrm{d}G=-S\mathrm{d}T+v\mathrm{d}P \tag{6.2.11}$$

每个特性函数就是一个完全的状态方程。当然这 4 个特性函数都互有联系，可以通过特定的数学变换 (Legendre 变换) 依次从一个得出另一个。由每个特性函数对特定的自变量的一阶偏导数可得另外两个状态变量对自变量的依赖关系，即两个非完全的状态方程。特性函数对自变量的二阶偏导数则可给出物质的许多热力学性能，如比热、热膨胀系数、体积压缩模量等。

现在依次来看这些特征函数的偏导数。

(1) **自由能**$\psi=\hat{\psi}(v,T)$

从式 (6.2.8) 可知 $\hat{\psi}$ 的一阶偏导数取值

$$S=-\frac{\partial\hat{\psi}}{\partial T},\quad P=-\frac{\partial\hat{\psi}}{\partial v} \tag{6.2.12}$$

可以注意这结果和用不可逆热力学所得的结果 (式 (5.3.10), 式 (5.3.11)) 在实质上是一致的。在求二阶偏导数之前，我们注意到在可逆过程中，$T\mathrm{d}S$ 正表示热源对系

统的供热 $\mathrm{d}Q$，因此定容比热和定压比热分别是

$$C_v = \left(\frac{\mathrm{d}Q}{\mathrm{d}T}\right)_v = T\left(\frac{\partial S}{\partial T}\right)_v \tag{6.2.13}$$

$$C_p = \left(\frac{\mathrm{d}Q}{\mathrm{d}T}\right)_p = T\left(\frac{\partial S}{\partial T}\right)_p \tag{6.2.14}$$

这样可得 $\hat{\psi}$ 的二阶偏导数为

$$\frac{\partial^2 \hat{\psi}}{\partial T^2} = -\frac{\partial \hat{S}}{\partial T} = -\frac{C_v}{T} \tag{6.2.15}$$

$$\frac{\partial^2 \hat{\psi}}{\partial v \partial T} = -\frac{\partial \hat{S}}{\partial v} = -\frac{\partial \hat{P}}{\partial T} = -\phi_T \tag{6.2.16}$$

$$\frac{\partial^2 \hat{\psi}}{\partial v^2} = -\frac{\partial \hat{P}}{\partial v} = \frac{k_T}{v} \tag{6.2.17}$$

这里，ϕ_T 是热应力系数，k_T 是等温体积压缩模量 (或刚度)。

(2) **内能**$u = \tilde{u}(v, S) = f + TS$

一阶偏导数的值可自式 (6.2.9) 得到

$$T = \frac{\partial \tilde{u}}{\partial S}, \quad P = -\frac{\partial \tilde{u}}{\partial v} \tag{6.2.18}$$

我们要求函数 $T = \tilde{T}(v, S)$ 对 S 可以反演，这就要求 $\dfrac{\partial \tilde{T}}{\partial S} = \dfrac{\partial^2 \tilde{u}}{\partial S^2} \neq 0$，在这种情况下

$$\frac{\partial^2 \tilde{u}}{\partial S^2} = \frac{\partial \tilde{T}}{\partial S} = \frac{1}{\left[\dfrac{\partial S(T, v)}{\partial T}\right]_v} = \frac{T}{C_v} \tag{6.2.19}$$

$$\frac{\partial^2 \tilde{u}}{\partial v \partial S} = \frac{\partial \tilde{T}}{\partial v} = -\frac{\partial \tilde{P}}{\partial S} = -\phi_S \tag{6.2.20}$$

$$\frac{\partial^2 \tilde{u}}{\partial v^2} = -\frac{\partial \tilde{P}}{\partial v} = \frac{k_S}{v} \tag{6.2.21}$$

这里，ϕ_S 是熵应力函数，k_S 是等熵体积压缩模量 (或刚度)

(3) **焓** $H = \bar{H}(P, S)$

由式 (6.2.10) 可得 $\bar{H}$ 的一阶偏导数：

$$T = \frac{\partial \bar{H}}{\partial S}, \quad v = \frac{\partial \bar{H}}{\partial P} \tag{6.2.22}$$

二阶偏导数：

$$\frac{\partial^2 \bar{H}}{\partial S^2} = \frac{\partial \bar{T}}{\partial S} = \frac{T}{C_p} \tag{6.2.23}$$

$$\frac{\partial^2 \bar{H}}{\partial P \partial S} = \frac{\partial \bar{T}}{\partial P} = \frac{\partial \bar{v}}{\partial S} = v\alpha_S \tag{6.2.24}$$

$$\frac{\partial^2 \bar{H}}{\partial P^2} = \frac{\partial \bar{v}}{\partial P} = -vK_S \tag{6.2.25}$$

式中，α_S 是熵膨胀系数，K_S 是等熵压缩柔度。

(4) **自由焓** $G = \breve{G}(P, T)$

一阶偏导数之值自式 (6.2.11) 得出

$$S = -\frac{\partial \breve{G}}{\partial T}, \quad v = \frac{\partial \breve{G}}{\partial P} \tag{6.2.26}$$

二阶偏导数：

$$\frac{\partial^2 \breve{G}}{\partial T^2} = -\frac{\partial \breve{S}}{\partial T} = -\frac{C_p}{T} \tag{6.2.27}$$

$$\frac{\partial^2 \breve{G}}{\partial P \partial T} = -\frac{\partial \breve{S}}{\partial P} = \frac{\partial \breve{v}}{\partial T} = v\alpha_T \tag{6.2.28}$$

$$\frac{\partial^2 \breve{G}}{\partial P^2} = \frac{\partial \breve{v}}{\partial P} = -vK_T \tag{6.2.29}$$

式中，α_T 是热膨胀系数，K_T 是等温压缩柔度。

这里一下子导出 10 个热力学量，它们表示物质的各种热学、力学性质，它们不都是常数，而是随着变形的程度或温度的变化而变化的。这 10 个热力学量 $C_v, C_p, \phi_S, \phi_T, \alpha_T, \alpha_S, k_S, k_T, K_S, K_T$ 之间是有依赖关系的，只有 3 个是独立的。

例如，由式 (6.2.17)，式 (6.2.21)，式 (6.2.25)，式 (6.2.29) 分别可得

$$k_T = -v\frac{\partial \hat{P}}{\partial v} = -v\frac{1}{\dfrac{\partial \breve{v}}{\partial P}} = \frac{1}{K_T} \tag{6.2.30}$$

$$k_S = -v\frac{\partial \tilde{P}}{\partial v} = -v\frac{1}{\dfrac{\partial \bar{v}}{\partial P}} = \frac{1}{K_S} \tag{6.2.31}$$

由于

$$\frac{\partial \breve{v}}{\partial T} = \frac{\partial \bar{v}}{\partial S}\frac{\partial \breve{S}}{\partial T}, \quad \frac{\partial \hat{P}}{\partial T} = \frac{\partial \tilde{P}}{\partial S}\frac{\partial \hat{S}}{\partial T}$$

从而得到

$$\frac{\alpha_T}{\alpha_S} = \frac{C_p}{T} \tag{6.2.32}$$

$$\frac{\phi_T}{\phi_S} = \frac{C_v}{T} \tag{6.2.33}$$

由于

$$\mathrm{d}P = \frac{\partial \hat{P}}{\partial T}\mathrm{d}T + \frac{\partial \hat{P}}{\partial v}\mathrm{d}v = \frac{\partial \tilde{P}}{\partial S}\mathrm{d}S + \frac{\partial \tilde{P}}{\partial v}\mathrm{d}v$$

在等压过程下，即 $\mathrm{d}P=0$ 时

$$\phi_T = \frac{\partial \hat{P}}{\partial T} = -\frac{\partial \hat{P}}{\partial v}\frac{\partial \breve{v}}{\partial T} = k_T \alpha_T \tag{6.2.34}$$

$$\phi_S = \frac{\partial \tilde{P}}{\partial S} = -\frac{\partial \tilde{P}}{\partial v}\frac{\partial \bar{v}}{\partial S} = k_S\ \alpha_S \tag{6.2.35}$$

合并式 (6.2.30)~ 式 (6.2.35) 可得

$$\frac{k_T}{k_S} = \frac{\phi_T/\alpha_T}{\phi_S/\alpha_S} = \frac{C_v}{C_p} = \frac{1/K_T}{1/K_S} \tag{6.2.36}$$

由

$$\mathrm{d}S = \frac{\partial \hat{S}}{\partial T}\mathrm{d}T + \frac{\partial \hat{S}}{\partial v}\mathrm{d}v$$

求等压情况下对 T 的导数:

$$\frac{\partial \breve{S}}{\partial T} = \frac{\partial \hat{S}}{\partial T} + \frac{\partial \hat{S}}{\partial v}\frac{\partial \breve{v}}{\partial T}$$

从式 (6.2.15)，式 (6.2.16)，式 (6.2.27)，式 (6.2.28) 可知

$$\frac{C_p}{T} = \frac{C_v}{T} + \phi_T\, v\, \alpha_T$$

由此得到 (应用了式 (6.2.36))

$$C_p - C_v = v\, k_T\ \alpha_T^2\, T = v\, K_T\ \phi_T^2\, T \tag{6.2.37}$$

再由

$$\mathrm{d}P = \frac{\partial \hat{P}}{\partial v}\mathrm{d}v + \frac{\partial \hat{P}}{\partial T}\mathrm{d}T$$

求等熵情况下对 v 的导数:

$$\frac{\partial \tilde{P}}{\partial v} = \frac{\partial \hat{P}}{\partial v} + \frac{\partial \hat{P}}{\partial T}\frac{\partial T}{\partial v}$$

从式 (6.2.16)，式 (6.2.17)，式 (6.2.20)，式 (6.2.21) 可知

$$-\frac{k_S}{v} = -\frac{k_T}{v} - \phi_T\, \phi_S$$

因此得到 (应用了式 (6.2.36))

$$k_S - k_T = v\,\phi_T\,\phi_S = \frac{v\,k_T^2\,\alpha_T^2\,T}{C_v} \tag{6.2.38}$$

很可惜的是热力学势函数 $\hat{\psi}, \tilde{u}, \bar{H}, \breve{G}$ 等是难于从实验数据得出的。为此人们不得不利用表明可测的变量 P, v, T 关系的非完全状态方程式 (6.2.12) 第二式或式 (6.2.26) 第二式：

$$P = \hat{P}\,(v, T)\,, \qquad v = \breve{v}\,(P, T) \tag{6.2.39}$$

这类方程叫做**温度状态方程**，它们可以从静态的等温实验求出。

或者利用 P, v, S 关系式 (6.2.18) 第二式或式 (6.2.22) 第二式：

$$P = \tilde{P}\,(v, S)\,, \qquad v = \bar{v}\,(P, S) \tag{6.2.40}$$

这类方程叫做**熵状态方程**，它们可以从动态的等熵实验如波动实验求出。

但这类非完全的状态方程积分来求热力学势函数时，需要补充合适的初始数据，而这些数据又必须从可以直接或间接量测的量 (如比热、热膨胀系数) 中去寻找。

为了表示冲击波实验的数据，经常用到一类非完全状态方程，即**能量状态方程**。以内能 u 作为势的特性函数 $\tilde{u}(v, S)$，前已引出，曾经从此得出 $\dfrac{\partial \tilde{u}}{\partial S} = T \neq 0$；因此特性函数 $\tilde{u}(v, S)$ 对于自变量 S 可以反演，而得出反函数 $S = \breve{S}(v, u)$；再代入式 (6.2.18) 的 $P = \tilde{P}(v, S), T = \tilde{T}(v, S)$ 中，可以得到以 v, u 为自变量的如下函数：

$$P = \hat{P}\,(v, u)\,, \qquad T = \hat{T}\,(v, u) \tag{6.2.41}$$

这就是能量状态方程。熵的计算有时有困难，而在边值问题和初值问题中所用的控制方程中熵常不出现，内能则经常出现，应用能量状态方程就可不必计算熵而解决问题。

在能量状态方程中压力对内能的导数即等容条件下每单位比内能引起的压力增加量很有用处：

$$\frac{\partial \hat{P}}{\partial u} = \frac{\partial \hat{P}}{\partial T}\frac{\partial \tilde{T}}{\partial S}\frac{\partial \hat{S}}{\partial u} = \frac{\dfrac{\partial \hat{P}}{\partial T}}{\dfrac{\partial \hat{S}}{\partial T}\dfrac{\partial \tilde{u}}{\partial S}} = \frac{\phi_T}{C_v} \tag{6.2.42}$$

我们把每单位体积内能引起的压力增加量叫做 Gruneisen 系数 Γ

$$\Gamma = v\frac{\partial P}{\partial u} = \frac{v\phi_T}{C_v} = \frac{vk_T\,\alpha_T}{C_v} \tag{6.2.43}$$

由于 ϕ_T, C_v 都是 v, T 的函数，Gruneisen 系数也是 v, T 的函数 $\varGamma = \varGamma(v, T)$。如果温度对 $\varGamma$ 的影响可以忽略，就记为 $\varGamma = \gamma(v)$，这就是所谓 Gruneisen 假定，在拟合冲击波数据时，γ 常常起重要作用。下面从定容比热的定义出发：

$$\frac{\partial \hat{u}}{\partial T} = C_v(v, T) \tag{6.2.44}$$

对 T 积分，引进 $T=0$ 时的积分常数 $u_k(v)$：

$$u = u_k(v) + \int_0^T C_v(v, T)\,\mathrm{d}T \tag{6.2.45}$$

$u_k(v)$ 为绝对温度为零时的内能，叫做**冷能**。这个方程具有 u, v, T 的形式，但并非完全的。虽然，在知道定容比热的情况下，积分可以做出，这时 v, T 的函数 $u_T(v, T)$，叫做“**热能**”，而有

$$u = u_k(v) + u_T(v, T) \tag{6.2.46}$$

但是，初始值即冷能 $u_k(v)$ 仍需补充数据。由式 (6.2.42)，式 (6.2.43) 可知：

$$\frac{\partial \hat{P}}{\partial T} = \frac{\varGamma(v, T)\, C_v(v, T)}{v} \tag{6.2.47}$$

对 T 积分，并引进 $T = 0$ 时的积分常数 $P_k(v)$，得

$$P = P_k(v) + \int_0^T \frac{\varGamma(v, T)\, C_v(v, T)}{v}\mathrm{d}T \tag{6.2.48}$$

$P_k(v)$ 是绝对零度时的压力，叫做**冷压**，由式 (6.2.18) 可知：

$$P_k(v) = -\frac{\mathrm{d}u_k(P_k(v))}{\mathrm{d}\,P_k(v)} \tag{6.2.49}$$

式 (6.2.48) 的其余部分叫做**热压** $P_T(v, T)$，在 Gruneisen 假定下

$$P_T(v, T) = \frac{\gamma(v)\, u_T(v, T)}{v} = \frac{\gamma(v)}{v}(u - u_k) \tag{6.2.50}$$

这样，就得出总压力为

$$P = P_k(v) + P_T(v, T) \tag{6.2.51}$$

或将式 (6.2.50) 代入，得著名的 Mie-Gruneisen 状态方程：

$$P = P_k + \frac{\gamma}{v}(u - u_k) \tag{6.2.52}$$

这是 P, v, u 型的能量状态方程，是非完全的状态方程，这里的两个未知数 $\gamma(v), u_k(v)$ 要由冲击波实验的数据以及 γ-P_k 的理论关系来确定。

从式 (6.2.45) 开始，我们实际上是在讨论高压下固体的性能。对于完全气体，由于不计分子间相互作用势能，就无所谓冷能和冷压，情况要简单得多。

6.3 热弹性固体

热弹性固体对于过去事件无记忆，因而无内变量。在 5.3 节中得到的结论，即式 (5.3.9)，式 (5.3.10) 或式 (5.3.13)，式 (5.3.11) 便可在 $\xi_\alpha = 0$ 的情况下搬到这里来，即自由能 f 不依赖于温度陡度 $\boldsymbol{q}$，应力张量 $\boldsymbol{\sigma}$ 和熵 S 可以把 ψ 作为势函数导出

$$\psi = \psi(\boldsymbol{F}, T), \quad \boldsymbol{\sigma} = \rho \frac{\partial \psi}{\partial \boldsymbol{F}} \boldsymbol{F}^{\mathrm{T}}, \quad S = -\frac{\partial \psi}{\partial T} \tag{6.3.1}$$

经标架无关处理后得

$$\psi = \hat{\psi}(\boldsymbol{E}, T), \quad \boldsymbol{\Sigma} = \rho_0 \frac{\partial \hat{\psi}}{\partial \boldsymbol{E}}, \quad S = -\frac{\partial \hat{\psi}}{\partial T} \tag{6.3.2}$$

在这分析中，没有作过关于平衡状态的假定，也没有引进邻近平衡程度的概念。这些结论是基于本构方程必须和熵不等式相容这一原理得出的，但其结果和平衡的热力学结论一样。

对于可以导热的热弹性体，熵不等式还引出另一个结论，即内耗散非负：

$$\delta = \frac{1}{T} \boldsymbol{h} \cdot \boldsymbol{q} \geqslant 0 \tag{6.3.3}$$

这个限制引出的后果可以说明如下：暂时固定 $\boldsymbol{F}, T$ 的值，则 $\hat{\boldsymbol{h}}(\boldsymbol{F}, T, \boldsymbol{q})$ 只是 $\boldsymbol{q}$ 的函数，δ 也只是 $\boldsymbol{q}$ 的函数。从式 (6.3.3) 可见当 $\boldsymbol{q} = 0$ 时，$\delta = 0$；当 $\boldsymbol{q} \neq 0$ 时，一般地说 $\delta > 0$，因而 $\hat{\delta}(\boldsymbol{q})$ 在 $\boldsymbol{q} = 0$ 处有一极小值，即要求

$$T \left. \frac{\partial \hat{\delta}}{\partial \boldsymbol{q}} \right|_{\boldsymbol{q}=0} = \hat{\boldsymbol{h}}(\boldsymbol{F}, T, 0) = 0 \tag{6.3.4}$$

$$T \left. \frac{\partial^2 \hat{\delta}}{\partial \boldsymbol{q}^2} \right|_{\boldsymbol{q}=0} = \left. \frac{\partial \hat{\boldsymbol{h}}}{\partial \boldsymbol{q}} \right|_{\boldsymbol{q}=0} \geqslant 0 \tag{6.3.5}$$

定义热传导张量为

$$\boldsymbol{K} = \frac{\partial \hat{\boldsymbol{h}}}{\partial \boldsymbol{q}} = \hat{\boldsymbol{K}}(\boldsymbol{F}, T, \boldsymbol{q}) \tag{6.3.6}$$

极小性要求 $\boldsymbol{K}$ 在 $\boldsymbol{q} = 0$ 处是半正定的，即对所有的方向向量 $\boldsymbol{n}$ 有关系：

$$\boldsymbol{n} \cdot \hat{\boldsymbol{K}}(\boldsymbol{F}, T, 0)\, \boldsymbol{n} \geqslant 0 \tag{6.3.7}$$

有两个特例：

(1) **非导体**，$\hat{\boldsymbol{K}}(\boldsymbol{F}, T, \boldsymbol{q})\boldsymbol{n} = 0$，因此 $\hat{\boldsymbol{h}} = 0$；

(2) **定导体**，$\boldsymbol{n} \cdot \hat{\boldsymbol{K}}(\boldsymbol{F}, T, \boldsymbol{g})\, \boldsymbol{n} > 0$。

跟热弹性流体一样，热弹性固体可以有许多种不同的状态方程，各有各的用处。例如，上面推出的用温度表示的状态方程在包含定导体的问题中特别有用。而在讨论非导体问题时用熵作为一个独立的热力学变量就比较方便。为此推到含熵的状态方程，下面从**定应变比热**的定义出发：

$$C_E = T\frac{\partial \breve{S}}{\partial T} \tag{6.3.8}$$

如果 $C_E \neq 0$，则可将式 (6.3.2) 中的函数 $S=\hat{S}(\boldsymbol{E},T)$ 反演，求出其反函数 $T=\hat{T}(\boldsymbol{E},S)$，代入

$$u = \psi + ST \tag{6.3.9}$$

得

$$u = \hat{\psi}\left[\boldsymbol{E},\tilde{T}\left(\boldsymbol{E},S\right)\right] + S\tilde{T}\left(\boldsymbol{E},S\right) \tag{6.3.10}$$

或可写为

$$u = \tilde{u}\left(\boldsymbol{E},S\right) \tag{6.3.11}$$

将式 (6.3.10) 对 E 和 S 分别求导得

$$\frac{\partial u}{\partial \boldsymbol{E}} = \frac{\partial \hat{\psi}}{\partial \boldsymbol{E}} + \frac{\partial \hat{\psi}}{\partial T}\frac{\partial \tilde{T}}{\partial \boldsymbol{E}} + S\frac{\partial \tilde{T}}{\partial \boldsymbol{E}}$$

$$\frac{\partial \tilde{u}}{\partial S} = \frac{\partial \hat{\psi}}{\partial T}\frac{\partial \tilde{T}}{\partial S} + S\frac{\partial \tilde{T}}{\partial S} + \tilde{T}$$

把式 (6.3.2) 的结果代入，就得

$$\boldsymbol{\varSigma} = \rho_0\frac{\partial u}{\partial \boldsymbol{E}} \tag{6.3.12}$$

$$T = \frac{\partial u}{\partial S} \tag{6.3.13}$$

从 $\hat{\psi}$ 到 $\tilde{u}$ 的推导相当于进行一次 Legendre 变换。还可以继续利用类似的变换导出以焓 H 和 Gibbs 自由焓 G 作为热力学势函数的完全的状态方程。再者所有这些特性函数的二阶导数 (如果它们存在的条件满足) 都表示热弹性固体的热力学性能，这情况完全可以和热弹性流体的情况相类比，这些结果列在表 6.3.1 中。

在热弹性固体情况下，和热弹性流体所不同的是：①相应于定容比热和定压比热，出现了定应变比热 C_E 和定压力比热 $C_\varSigma$；②热应力系数 $\boldsymbol{\phi}_T$ 和熵应力函数 $\boldsymbol{\phi}_S$ 是二阶张量；热应变系数 $\boldsymbol{\alpha}_T$ 和熵应变系数 $\boldsymbol{\alpha}_S$ 也是二阶张量；③还有以四阶张量形式出现的等温和等熵刚度 $\boldsymbol{K}_T$，$\boldsymbol{K}_S$，以及等温和等熵的弹性柔度 $\boldsymbol{K}_T$，$\boldsymbol{K}_S$；④最后在流体和固体公式的转换中 $P \to \boldsymbol{\varSigma}$，$v \to \dfrac{E}{\rho_0}$，这里 ρ_0 是 $\boldsymbol{E}$ 的参考构形中材料的密度。在这些热力学特性系数之间，在热弹性固体中和热弹性流体中也有可以类比的如下关系：

表 6.3.1

热弹性流体	热弹性固体
$\psi=\hat{\psi}(v,T)$	$\psi=\hat{\psi}(\boldsymbol{E},T)$
$P=-\dfrac{\partial\hat{\psi}}{\partial v},\ S=\dfrac{\partial\hat{\psi}}{\partial T}$	$\boldsymbol{\Sigma}=\rho_0\dfrac{\partial\hat{\psi}}{\partial\boldsymbol{E}},\ S=-\dfrac{\partial\hat{\psi}}{\partial T}$
$\dfrac{\partial^2\hat{\psi}}{\partial T^2}=-\dfrac{\partial\hat{S}}{\partial T}=-\dfrac{C_v}{T}$	$\dfrac{\partial^2\hat{\psi}}{\partial T^2}=-\dfrac{\partial\hat{S}}{\partial T}=-\dfrac{C_E}{T}$
$\dfrac{\partial^2\hat{\psi}}{\partial v\partial T}=-\dfrac{\partial\hat{S}}{\partial v}=-\dfrac{\partial\hat{P}}{\partial T}=-\phi_T$	$\dfrac{\partial^2\hat{\psi}}{\partial\boldsymbol{E}\partial T}=-\dfrac{\partial\hat{S}}{\partial\boldsymbol{E}}=\dfrac{1}{\rho_0}\dfrac{\partial\hat{\boldsymbol{\Sigma}}}{\partial T}=\dfrac{1}{\rho_0}\phi_{(T)}$
$\dfrac{\partial^2\hat{\psi}}{\partial v^2}=-\dfrac{\partial\hat{P}}{\partial v}=\dfrac{k_T}{v}$	$\dfrac{\partial^2\hat{\psi}}{\partial\boldsymbol{E}\partial\boldsymbol{E}}=\dfrac{1}{\rho_0}\dfrac{\partial\hat{\boldsymbol{\Sigma}}}{\partial\boldsymbol{E}}=\dfrac{1}{\rho_0}\boldsymbol{k}_T$
$u=\tilde{u}(v,\boldsymbol{S})$	$u=\tilde{u}(\boldsymbol{E},S)$
$P=-\dfrac{\partial\tilde{u}}{\partial v},\ T=\dfrac{\partial\tilde{u}}{\partial S}$	$\boldsymbol{\Sigma}=\rho_0\dfrac{\partial\tilde{u}}{\partial\boldsymbol{E}},\ T=\dfrac{\partial\tilde{u}}{\partial S}$
$\dfrac{\partial^2\tilde{u}}{\partial S^2}=\dfrac{\partial\tilde{T}}{\partial S}=\dfrac{T}{C_v}$	$\dfrac{\partial^2\tilde{u}}{\partial S^2}=\dfrac{\partial\hat{T}}{\partial S}=\dfrac{T}{C_E}$
$\dfrac{\partial^2\tilde{u}}{\partial v\partial S}=\dfrac{\partial\tilde{T}}{\partial v}=-\dfrac{\partial\tilde{P}}{\partial S}=-\phi_S$	$\dfrac{\partial^2\tilde{u}}{\partial\boldsymbol{E}\partial S}=\dfrac{\partial\tilde{T}}{\partial\boldsymbol{E}}=\dfrac{1}{\rho_0}\dfrac{\partial\tilde{\boldsymbol{\Sigma}}}{\partial S}=\dfrac{1}{\rho_0}\boldsymbol{\phi}_S$
$\dfrac{\partial^2\tilde{u}}{\partial v^2}=-\dfrac{\partial\tilde{P}}{\partial v}=\dfrac{k_S}{v}$	$\dfrac{\partial^2\tilde{u}}{\partial\boldsymbol{E}\partial\boldsymbol{E}}=\dfrac{1}{\rho_0}\dfrac{\partial\tilde{\boldsymbol{\Sigma}}}{\partial\boldsymbol{E}}=\dfrac{1}{\rho_0}\boldsymbol{k}_S$
$H=\bar{H}(P,S)$	$H=\bar{H}(\boldsymbol{\Sigma},S)$
$v=\dfrac{\partial\bar{H}}{\partial P},\quad T=\dfrac{\partial\bar{H}}{\partial S}$	$\boldsymbol{\Sigma}=-\rho_0\dfrac{\partial\bar{H}}{\partial\boldsymbol{\Sigma}},\quad T=\dfrac{\partial\bar{H}}{\partial S}$
$\dfrac{\partial^2\bar{H}}{\partial S^2}=\dfrac{\partial\bar{T}}{\partial S}=\dfrac{T}{C_p}$	$\dfrac{\partial^2\bar{H}}{\partial S^2}=\dfrac{\partial\bar{T}}{\partial S}=\dfrac{T}{C_E}$
$\dfrac{\partial^2\bar{H}}{\partial P\partial S}=\dfrac{\partial\bar{T}}{\partial P}=\dfrac{\partial\bar{v}}{\partial S}=v\alpha_S$	$\dfrac{\partial^2\bar{H}}{\partial\boldsymbol{\Sigma}\partial S}=\dfrac{\partial\bar{T}}{\partial\boldsymbol{\Sigma}}=-\dfrac{1}{\rho_0}\dfrac{\partial\boldsymbol{E}}{\partial S}=-\dfrac{1}{\rho_0}\boldsymbol{\alpha}_S$
$\dfrac{\partial^2\bar{H}}{\partial P^2}=\dfrac{\partial\bar{v}}{\partial P}=-vK_S$	$\dfrac{\partial^2\bar{H}}{\partial\boldsymbol{\Sigma}\partial\boldsymbol{\Sigma}}=-\dfrac{1}{\rho_0}\dfrac{\partial\boldsymbol{E}}{\partial\boldsymbol{\Sigma}}=-\dfrac{1}{\rho_0}\boldsymbol{K}_S$
$G=\breve{G}(P,T)$	$G=\breve{G}(\boldsymbol{\Sigma},T)$
$v=\dfrac{\partial\breve{G}}{\partial P},\quad S=-\dfrac{\partial\breve{G}}{\partial T}$	$\boldsymbol{E}=-\rho_0\dfrac{\partial\breve{G}}{\partial\Sigma},\quad S=-\dfrac{\partial\breve{G}}{\partial T}$
$\dfrac{\partial^2\breve{G}}{\partial T^2}=-\dfrac{\partial\breve{S}}{\partial T}=-\dfrac{C_p}{T}$	$\dfrac{\partial^2\breve{G}}{\partial T^2}=-\dfrac{\partial\breve{S}}{\partial T}=-\dfrac{C_\Sigma}{T}$
$\dfrac{\partial^2\breve{G}}{\partial P\partial T}=-\dfrac{\partial\breve{S}}{\partial P}=\dfrac{\partial\breve{v}}{\partial T}=v\alpha_T$	$\dfrac{\partial^2\breve{G}}{\partial\boldsymbol{\Sigma}\partial T}=-\dfrac{\partial\breve{S}}{\partial\boldsymbol{\Sigma}}=-\dfrac{1}{\rho_0}\dfrac{\partial\breve{\boldsymbol{E}}}{\partial T}=-\dfrac{1}{\rho_0}\alpha_T$
$\dfrac{\partial^2\breve{G}}{\partial P^2}=\dfrac{\partial\breve{v}}{\partial P}=-vK_T$	$\dfrac{\partial^2\breve{G}}{\partial\boldsymbol{\Sigma}\partial\boldsymbol{\Sigma}}=-\dfrac{1}{\rho_0}\dfrac{\partial\breve{\boldsymbol{E}}}{\partial\Sigma}=-\dfrac{1}{\rho_0}\boldsymbol{K}_T$

热弹性流体	热弹性固体
$k_TK_T=1$	$\boldsymbol{k}_T\boldsymbol{K}_T=\boldsymbol{I}$
$k_SK_S=1$	$\boldsymbol{k}_S\boldsymbol{K}_S=\boldsymbol{I}$
$\phi_T=k_T\alpha_T$	$\boldsymbol{\phi}_T=\boldsymbol{K}_T\boldsymbol{\alpha}_T$

$$\phi_S = k_S \alpha_S \qquad \boldsymbol{\phi}_S = \boldsymbol{K}_S \boldsymbol{\alpha}_S$$

$$\alpha_T = \frac{C_p}{T}\alpha_S \qquad \boldsymbol{\alpha}_T = \frac{C_\Sigma}{T}\boldsymbol{\alpha}_S$$

$$\phi_T = \frac{C_v}{T}\phi_S \qquad \boldsymbol{\phi}_T = \frac{C_E}{T}\boldsymbol{\phi}_S$$

$$\frac{C_v}{C_p} = \frac{k_T}{k_S} \qquad \frac{C_E}{C_\Sigma} = \frac{\det(\boldsymbol{k}_T)}{\det(\boldsymbol{k}_S)}$$

$$C_p - C_v = vT\phi_T K_T \phi_T \qquad C_\Sigma - C_E = \frac{T}{\rho_0}\boldsymbol{\phi}_T \cdot \boldsymbol{K}_T \boldsymbol{\phi}_T$$

$$k_S - k_T = \frac{vT}{C_v}\phi_T\phi_T \qquad k_S - k_T = \frac{T}{\rho_0 C_E}\boldsymbol{\phi}_T \otimes \boldsymbol{\phi}_T$$

$$\frac{\varGamma}{v} = \left(\frac{\partial P}{\partial u}\right)_v = \frac{\phi_T}{C_v} \qquad \rho_0 \boldsymbol{\varGamma} = \left(\frac{\partial \boldsymbol{\Sigma}}{\partial v}\right)_E = \frac{\boldsymbol{\phi}_T}{C_E}$$

($\otimes$表示向量并乘)

式中，张量采用 Voigt 记法，把二阶对称张量记成六维空间中的向量，四阶张量化成六维二阶张量。

当热应变张量 $\boldsymbol{\alpha}_T = 0$ 时，出现一种特别重要的情况。此时，

$$\boldsymbol{\alpha}_T = \boldsymbol{\alpha}_S = \boldsymbol{\phi}_T = \boldsymbol{\phi}_S = \boldsymbol{\varGamma} = 0, \quad C_\Sigma = C_E, \quad \boldsymbol{K}_S = \boldsymbol{K}_T$$

因而

$$\frac{\partial \boldsymbol{E}(\boldsymbol{\Sigma}, T)}{\partial T} = \frac{\partial \boldsymbol{E}(\boldsymbol{\Sigma}, S)}{\partial S} = 0 \quad \therefore\ \boldsymbol{E} = \boldsymbol{E}(\boldsymbol{\Sigma}) \tag{6.3.14}$$

$$\frac{\partial \boldsymbol{\Sigma}(\boldsymbol{E}, T)}{\partial T} = \frac{\partial \boldsymbol{\Sigma}(\boldsymbol{E}, S)}{\partial S} = 0 \quad \therefore\ \boldsymbol{\Sigma} = \boldsymbol{\Sigma}(\boldsymbol{E}) \tag{6.3.15}$$

$$\frac{\partial S(\boldsymbol{\Sigma}, T)}{\partial \boldsymbol{\Sigma}} = \frac{\partial S(\boldsymbol{E}, T)}{\partial \boldsymbol{E}} = 0 \quad \therefore\ S = S(T) \tag{6.3.16}$$

$$\frac{\partial T(\boldsymbol{\Sigma}, S)}{\partial \boldsymbol{\Sigma}} = \frac{\partial T(\boldsymbol{E}, S)}{\partial \boldsymbol{E}} = 0 \quad \therefore\ T = T(S) \tag{6.3.17}$$

可见此时力学效应和热学效应无耦合，这类材料叫做**力性** (piezotropic) 材料，状态方程可拆开为冷能和热能。

$$u = u_k(\boldsymbol{E}) + u_T(\boldsymbol{S}) \tag{6.3.18}$$

$$\boldsymbol{\Sigma} = \frac{\mathrm{d}u_k}{\mathrm{d}E} \tag{6.3.19}$$

$$T = \frac{\mathrm{d}u_T}{\mathrm{d}S} \tag{6.3.20}$$

第7章　弹　塑　性

7.1　传统的塑性理论

传统的塑性理论处理对应变率不敏感的弹塑性材料在等温情况下的小变形过程，这是一种速率无关的理论。

弹塑性材料有几个特点：

(1) 有一个初始的弹性变形阶段，当应力达到某个极限状态时，材料屈服，开始发生塑性变形，它反映了材料内部结构的不可逆的改变。

(2) 屈服以后，将可能发生：① 应力保持不变而塑性变形继续发展的理想塑性阶段；② 应力随着塑性变形的发展而提高的硬化 (强化) 阶段；③应力随着塑性变形发生而降低的软化 (弱化) 阶段。在这三个阶段中弹性变形的变化是和应力同步的。有的材料如软钢在屈服后首先出现显著的理想塑性平台，继之以硬化；有的材料如岩石的软化现象比较明显；有的材料只有硬化阶段。

(3) 材料从塑性变形状态卸载时或在卸载后重新加载时，遵循弹性规律，直到应力上升到开始卸载之值时，材料又重新屈服再度发展塑性变形，为此把再次屈服叫做后继屈服点。大部分材料在卸载后的弹性性质不受曾经经历的塑性变形的影响，如选取真应力和对数应变作图时，应力应变曲线的卸载斜率和初始弹性阶段几乎相同，这种材料属于非弹塑性耦合材料。有的材料的卸载弹性模量随着塑性变形发展程度而有所不同，这属于弹塑性耦合材料。

(4) 材料在发生正向屈服的塑性变形后再反向加载屈服时，存在所谓的Baushinger效应。表现为当材料受到某一方向的载荷作用 (如拉伸) 进入塑性变形阶段后，若接着施加相反方向的载荷 (如压缩)，将会发现此时材料的屈服应力会比直接施加后一种载荷时降低。

(5) 弹塑性材料的应力和应变之间不存在单值关系，同一个应力值将随着加载历史的差别可以对应于许多个不同的应变值。因此弹塑性材料是具有记忆特性的材料。

弹塑性材料的本构关系理论必须把上述特性尽可能地反映出来。

传统的弹塑性理论有一个很重要的基本假定，即假定应变很小，因而具有可加性，这个假定显然和大塑性变形经常出现的现实有较大的差异。但大变形塑性理论目前还处于开始发展和争论阶段，没有公认的可以接受的结论，因此在实际应用中还是采用传统的小变形理论。在小变形假定下，物质坐标和空间坐标的差异可以忽略，工程应力和真应力的区别可以不计，各种应变量度都归结为线性应变 $\boldsymbol{\varepsilon}$，而且可以假定分解成弹性应变 $\boldsymbol{\varepsilon}^{\mathrm{e}}$ 和塑性应变 $\boldsymbol{\varepsilon}^{\mathrm{p}}$ 之和：

$$\boldsymbol{\varepsilon} = \boldsymbol{\varepsilon}^{\mathrm{e}} + \boldsymbol{\varepsilon}^{\mathrm{p}} \tag{7.1.1}$$

在弹塑性本构关系理论中，屈服现象、塑性变形，以及硬化软化现象的发生和发展，是互相紧密联系又有精微差别的重要概念。塑性应变和硬化量度都反映材料内部结构的变化，前者是一张量 $\boldsymbol{\varepsilon}^{\mathrm{p}}$，后者是一依赖于前者历史的标量$\boldsymbol{K}$，它们都不是可以直接测量的量，在以热力学为基础的本构关系理论体系中可以叫做内部状态变量。为了反映在复合应力状态下的屈服轨迹及其演变，为了反映应变发展的历史过程，需要引进一种张量空间记录应力状态和应变状态的发展过程；这是所有的二阶张量的集合构成的一个线性空间，这个空间中的元素是二阶张量，对于加法运算和数量乘法运算是封闭的。二阶张量有 9 个分量, 在讨论屈服条件时，将它处理成九维空间中的一个量。应力张量 $\boldsymbol{\sigma}$ 和应变张量 $\boldsymbol{\varepsilon}$ 在此空间的端点坐标就代表应力状态和应变状态。加载和卸载发展的历史可以由它们在此空间的端点所描绘的应力路径或应变路径来表述。如取应变路径中的一个微段，其长度 $\mathrm{d}S$ 由下式定义：

$$\mathrm{d}S^2 = \mathrm{d}\boldsymbol{\varepsilon} \cdot \mathrm{d}\boldsymbol{\varepsilon} = \mathrm{d}\varepsilon_{ij}\mathrm{d}\varepsilon_{ij} \tag{7.1.2}$$

应变路径的长度就表为线积分：

$$S = \int \mathrm{d}S = \int \sqrt{\mathrm{d}\boldsymbol{\varepsilon} \cdot \mathrm{d}\boldsymbol{\varepsilon}} \tag{7.1.3}$$

积分之值显然随路径而异，当然也异于应变 $\boldsymbol{\varepsilon}$ 的模

$$\sqrt{\boldsymbol{\varepsilon} \cdot \boldsymbol{\varepsilon}} = \sqrt{\varepsilon_{ij}\varepsilon_{ij}} \tag{7.1.4}$$

后者也叫做应变空间的范数。

这里对称张量的集合也可以看成上述九维空间中的六维子空间。对称张量主值的集合是三维的主值空间。

7.2 屈服条件

塑性的本构理论必须首先确定材料在复合应力情况下的屈服条件。作为单向拉伸下弹性极限 $|\sigma| = Y$ 的推广，可以假定复合应力下的初始屈服条件为

$$f(\boldsymbol{\sigma}) = f(\sigma_{11}, \sigma_{22}, \sigma_{33}, \sigma_{12}, \sigma_{23}, \sigma_{31}) = 0 \tag{7.2.1}$$

这里，f 是应力张量 $\boldsymbol{\sigma}$ 的标量值函数。当 $f(\boldsymbol{\sigma})<0$ 时，表明材料处于弹性状态；而一旦 $f(\boldsymbol{\sigma})=0$ 时，材料就开始屈服；$f(\boldsymbol{\sigma})>0$ 的情况是不存在的。

关系 (7.2.1) 可以看成是六维应力空间中包含原点 $\boldsymbol{\sigma}=0$ 在内的一个封闭超曲面的方程。满足式 (7.2.1) 的 $\boldsymbol{\sigma}$ 的端点在六维空间中的轨迹就是屈服面。

如果材料是各向同性的，则由标量值各向同性张量函数的性质式 (1.12.3) 可知屈服函数 f 可以写成应力张量的三个主不变量的函数，而屈服条件成为

$$f(\mathrm{I}, \mathrm{II}, \mathrm{III})=0 \tag{7.2.2}$$

因为主不变量可用三个主应力 $\sigma_1,\sigma_2,\sigma_3$ 表出，所以各向同性材料的屈服条件也可写为

$$f(\boldsymbol{\sigma})=f(\sigma_1,\sigma_2,\sigma_3)=0 \tag{7.2.3}$$

这样可以把屈服面看成是三维主应力空间中应力位置向量 $\boldsymbol{\sigma}$ 的端点的轨迹。

在三维主应力空间中，取 $\sigma_1,\sigma_2,\sigma_3$ 等三个互相正交的轴，轴向的三个单位向量 $\boldsymbol{e}_1,\boldsymbol{e}_2,\boldsymbol{e}_3$ 形成一个正交基，表达应力状态 $(\sigma_1,\sigma_2,\sigma_3)$ 的应力位置向量为

$$\boldsymbol{\sigma}=\sigma_1\boldsymbol{e}_1+\sigma_2\boldsymbol{e}_2+\sigma_3\boldsymbol{e}_3 \tag{7.2.4}$$

注意：式 (7.2.4)(及以下相关各式) 中 $\boldsymbol{\sigma}$ (以及随后的偏应力 $\boldsymbol{\sigma}'$) 虽然目前表现为三维主应力空间中的向量形式，但其实质仍然是二阶应力张量。

在讨论屈服条件时常常可以把应力张量中静水压力 p 对屈服的影响以及偏量应力 $\boldsymbol{\sigma}'$ 对屈服的影响分别考虑。在目前的主应力空间中，有

$$\begin{gathered}\sigma_1=-p+\sigma_1',\quad \sigma_2=-p+\sigma_2',\quad \sigma_3=-p+\sigma_3'\\ p=-\frac{1}{3}(\sigma_1+\sigma_2+\sigma_3)\end{gathered} \tag{7.2.5}$$

代入式 (7.2.4) 得

$$\begin{aligned}\boldsymbol{\sigma}&=(\sigma_1'-p)\boldsymbol{e}_1+(\sigma_2'-p)\boldsymbol{e}_2+(\sigma_3'-p)\boldsymbol{e}_3\\ &=(\sigma_1'\boldsymbol{e}_1+\sigma_2'\boldsymbol{e}_2+\sigma_3'\boldsymbol{e}_3)-p(\boldsymbol{e}_1+\boldsymbol{e}_2+\boldsymbol{e}_3)\\ &=\boldsymbol{\sigma}'-\sqrt{3}p\mathfrak{n}\end{aligned} \tag{7.2.6}$$

式中

$$\boldsymbol{\sigma}'=\sigma_1'\boldsymbol{e}_1+\sigma_2'\boldsymbol{e}_2+\sigma_3'\boldsymbol{e}_3 \tag{7.2.7}$$

表示偏应力位置向量，而

$$\mathfrak{n}=\frac{1}{\sqrt{3}}\boldsymbol{e}_1+\frac{1}{\sqrt{3}}\boldsymbol{e}_2+\frac{1}{\sqrt{3}}\boldsymbol{e}_3 \tag{7.2.8}$$

表示和三个基向量等倾的一个单位向量，它的方向余弦是 $\left(\frac{1}{\sqrt{3}}, \frac{1}{\sqrt{3}}, \frac{1}{\sqrt{3}}\right)$ 。由于偏量的特性，

$$\boldsymbol{\sigma}' \cdot \mathfrak{n} = \frac{1}{\sqrt{3}}(\sigma_1' + \sigma_2' + \sigma_3') = 0$$

所以 $\boldsymbol{\sigma}'$ 和 $\mathfrak{n}$ 正交，因而向量 $\boldsymbol{\sigma}'$ 落在过主应力空间原点 0 而与等倾线 $\mathfrak{n}$ 垂直的 π 平面上，它的长度是 (参见式 (1.8.12))

$$\rho \equiv |\boldsymbol{\sigma}'| = \sqrt{\sigma'^2_1 + \sigma'^2_2 + \sigma'^2_3} = \sqrt{-2\,\mathrm{II}'} = \sqrt{\frac{3}{2}}\Lambda = \sqrt{\frac{2}{3}}\bar{\sigma} \tag{7.2.9}$$

于是屈服条件可以写成

$$f(\boldsymbol{\sigma}' - \sqrt{3}p\mathfrak{n}) = 0 \tag{7.2.10}$$

(1) 对于许多金属材料，在压力不很大的情况下，实验证明静水压力对于屈服的影响可以忽略不计。在这种情况之下，屈服条件 (7.2.10) 中的变量 p 可以是任意的，因此屈服轨迹是垂直于 π 平面以 $\mathfrak{n}$ 为轴的正柱面。因之我们只需考虑柱面和 π 平面的交线就行了，其方程可令式 (7.2.10) 中 $p = 0$ 得到

$$f(\boldsymbol{\sigma}') = f(\sigma_1', \sigma_2', \sigma_3') = 0 \tag{7.2.11}$$

由于 3 个主偏应力中只有两个是独立的，所以式 (7.2.11) 显然是 π 平面上一条曲线的方程。如用偏量不变量来表示，鉴于 $\mathrm{I}' = 0$，便有

$$f(\mathrm{II}', \mathrm{III}') = 0 \tag{7.2.12}$$

在 π 平面上主应力轴 $\boldsymbol{\sigma}_1, \boldsymbol{\sigma}_2, \boldsymbol{\sigma}_3$ 的投影是互相成 120° 夹角的三条直线 01，02，03，如图 7.2.1 所示。垂直于 02 线作一条直线 $0S$ 作为计算辐角 ϕ 的首线，则 01，02，03 的辐角分别为 $-\frac{\pi}{6}, \frac{\pi}{2}, -\frac{5\pi}{6}$。而屈服轨迹可以方便地用 π 平面上的极坐标 (ρ, ϕ) 来表示出：

$$f(\rho, \phi) = 0 \tag{7.2.13}$$

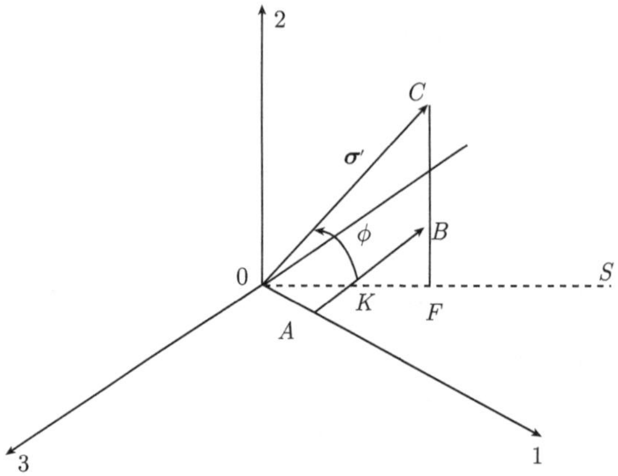

图 7.2.1

设 01，02，03 线上的单位向量分别为 $\boldsymbol{i}_1, \boldsymbol{i}_2, \boldsymbol{i}_3$，由于 $\boldsymbol{e}_1, \boldsymbol{e}_2, \boldsymbol{e}_3$ 对于等倾面的夹角余弦都是 $\sqrt{\frac{2}{3}}$，因此有

$$\boldsymbol{e}_j = \sqrt{\frac{2}{3}}\boldsymbol{i}_j + \frac{1}{\sqrt{3}}\mathfrak{n} \qquad (j = 1, 2, 3) \tag{7.2.14}$$

3 个主偏应力为

$$\begin{aligned}
\sigma'_1 &= \boldsymbol{\sigma}' \cdot \boldsymbol{e}_1 = \sqrt{\frac{2}{3}}\boldsymbol{\sigma}' \cdot \boldsymbol{i}_1 = \sqrt{\frac{2}{3}}\rho\cos\left(\phi + \frac{\pi}{6}\right) = \Lambda\sin\left(\phi + \frac{2\pi}{3}\right) \\
\sigma'_2 &= \boldsymbol{\sigma}' \cdot \boldsymbol{e}_2 = \sqrt{\frac{2}{3}}\boldsymbol{\sigma}' \cdot \boldsymbol{i}_2 = \sqrt{\frac{2}{3}}\rho\cos\left(\frac{\pi}{2} - \phi\right) = \Lambda\sin\phi \\
\sigma'_3 &= \boldsymbol{\sigma}' \cdot \boldsymbol{e}_3 = \sqrt{\frac{2}{3}}\boldsymbol{\sigma}' \cdot \boldsymbol{i}_3 = \sqrt{\frac{2}{3}}\rho\cos\left(\phi + \frac{5\pi}{6}\right) = \Lambda\sin\left(\phi + \frac{4\pi}{3}\right)
\end{aligned} \tag{7.2.15}$$

这个结果和式 (1.8.14) 一致，说明两处所用的 ϕ 是同一个角度。

在 π 平面上也可以作出主偏应力位置向量 $\boldsymbol{\sigma}'$ 的三个分量 $\boldsymbol{\sigma}'_1, \boldsymbol{\sigma}'_2, \boldsymbol{\sigma}'_3$ 在 π 平面上的投影 $\sqrt{\frac{2}{3}}\sigma'_1, \sqrt{\frac{2}{3}}\sigma'_2, \sqrt{\frac{2}{3}}\sigma'_3$。这只要从 $\boldsymbol{\sigma}'$ 的端点 C 作 $0S$ 的垂直线 CF，在此线上截取 1/3 点 B，过 B 作 BA 平行于 03 的直线交 01 于 A (参见图 7.2.1)，这样就得到

$$\boldsymbol{\sigma}' = \overrightarrow{OA} + \overrightarrow{BC} + \overrightarrow{AB} = |OA|\,\boldsymbol{i}_1 + |BC|\,\boldsymbol{i}_2 - |AB|\,\boldsymbol{i}_3 \tag{7.2.16}$$

而把式 (7.2.14) 代入式 (7.2.7) 时，又得到

$$\boldsymbol{\sigma}' = \sqrt{\frac{2}{3}}\sigma'_1\boldsymbol{i}_1 + \sqrt{\frac{2}{3}}\sigma'_2\boldsymbol{i}_2 + \sqrt{\frac{2}{3}}\sigma'_3\boldsymbol{i}_3 \tag{7.2.17}$$

对比两式，如果能够证明 $|OA|+|BC|-|AB|=0$, 就可知道

$$|OA|=\sqrt{\frac{2}{3}}\sigma'_1,\quad |BC|=\sqrt{\frac{2}{3}}\sigma'_2,\quad -|AB|=\sqrt{\frac{2}{3}}\sigma'_3 \tag{7.2.18}$$

而由作图法

$$|BC|=2|BF|=|BK|,\quad |AK|=|AO|$$

故有

$$|AB|=|AK|+|BK|=|OA|+|BC|$$

这就证明作图法正确，式 (7.2.18) 成立。

利用上面的结果可以来研究 π 平面上的屈服轨迹。

Tresca (1864) 根据金属塑性变形的研究提出的屈服条件认为材料中最大剪应力达到某个临界值 k 时，材料就开始屈服：

$$\frac{1}{2}(\sigma_1-\sigma_2)=\pm k,\quad \frac{1}{2}(\sigma_2-\sigma_3)=\pm k,\quad \frac{1}{2}(\sigma_3-\sigma_1)=\pm k \tag{7.2.19}$$

式中，k 是纯剪切时的屈服应力，它和单向拉伸时屈服应力 Y 的关系是

$$Y=2k \tag{7.2.20}$$

所以式 (7.2.20) 也可以写成

$$\sigma'_1-\sigma'_2=\pm Y,\quad \sigma'_2-\sigma'_3=\pm Y,\quad \sigma'_3-\sigma'_1=\pm Y \tag{7.2.21}$$

按照式 (7.2.15)，当 σ'_1 为最大主偏应力，σ'_3 为最小主偏应力时，

$$\sigma'_1-\sigma'_3=\Lambda\left\{\sin\left(\phi+\frac{2\pi}{3}\right)-\sin\left(\phi+\frac{4\pi}{3}\right)\right\}=\sqrt{2}\rho\cos\phi \tag{7.2.22}$$

这样屈服条件化为

$$\rho\cos\phi=\frac{Y}{\sqrt{2}}\quad \left(-\frac{\pi}{6}\leqslant\phi\leqslant\frac{\pi}{6}\right) \tag{7.2.23}$$

这是在 π 平面上一个直线段的极坐标方程。当最大主偏应力和最小主偏应力采取别的配合时，可以得出别的直线段方程。6 种配合式 (7.2.19) 或式 (7.2.21) 一共就有 6 个直线段，构成一个正六边形的封闭屈服轨迹 (参见图 7.2.2)。当应力位置向量端点落在正六边形内部时，材料是弹性的；落在屈服轨迹上时，材料就屈服了。

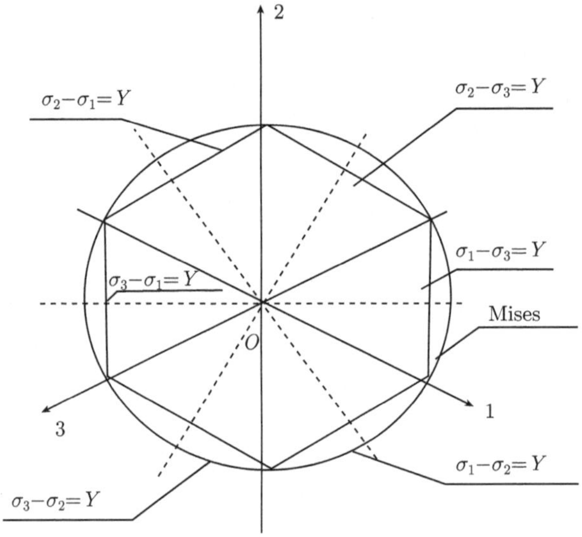

图 7.2.2

Mises (1913) 提出的屈服条件，本意只是为了数学上的简单，即把 Tresca 的正六边形改为外接圆，其半径可由式 (7.2.23) 令 $\phi = \dfrac{\pi}{6}$ 求出：

$$\rho = \sqrt{\frac{2}{3}}Y \tag{7.2.24}$$

这就是 Mises 条件的极坐标形式。由式 (7.2.9) 此条件也可以写成许多不同形式：

$$\begin{aligned}
&\bar{\sigma} = Y \\
&-\mathrm{II}' = \frac{1}{2}({\sigma'}_1^2 + {\sigma'}_2^2 + {\sigma'}_3^2) = \frac{1}{2}{\sigma'}_{ij}{\sigma'}_{ij} = \frac{1}{3}Y^2 \\
&\frac{1}{2}\left\{(\sigma_{11} - \sigma_{22})^2 + (\sigma_{22} - \sigma_{33})^2 + (\sigma_{33} - \sigma_{11})^2 + \sigma(\sigma_{12}^2 + \sigma_{23}^2 + \sigma_{31}^2)\right\} = Y^2
\end{aligned} \tag{7.2.25}$$

因此，Mises 条件可以解释为应力强度等于单向拉伸屈服应力时材料屈服，又因弹性畸变能正比于 $\frac{1}{2}\boldsymbol{\sigma}'_{ij}\boldsymbol{\sigma}'_{ij}$，所以又可解释为弹性畸变能达到某临界值时材料屈服。

Lode (1925) 以及 Taylor-Quinney (1931) 对铜、铝、铁、软钢的实验表明，Mises 条件比之 Tresca 条件更接近于实验结果。这两种条件有一共同特点是 $f(\underset{\sim}{\boldsymbol{\sigma}}) = f(-\underset{\sim}{\boldsymbol{\sigma}})$，因此都只能描述拉压性能相同的屈服。

(2) 岩土一类材料，静水压力对屈服有明显的影响。因此其屈服条件要由各向同性材料的一般屈服方程 (7.2.2) 或式 (7.2.10) 来描述。

Coulomb 提出岩土的破裂可以用剪切准则来描述 (参见图 7.2.3)。

$$\tau_n = C - \sigma_n \tan\theta \tag{7.2.26}$$

式中，C 是黏聚力，θ 是内摩擦角，τ_n, σ_n 是以 $\boldsymbol{n}$ 为法向的破裂面上的剪应力和法应力。式 (7.2.26) 表明在 $\boldsymbol{n}$ 平面上的剪应力达到黏聚力和由法应力产生的摩擦力之代数和时，岩土将沿破裂面发生剪切滑动，平常就把这个条件作为屈服条件。

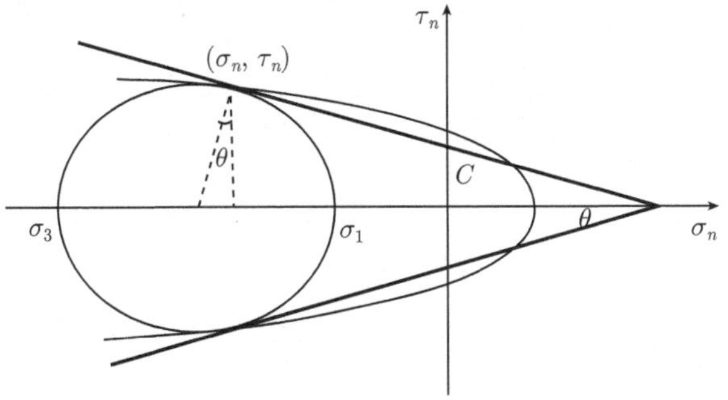

图 7.2.3

Mohr 提出各种应力状态可用位置和大小不同的 Mohr 圆来表示，把达到破裂的各种应力状态的诸多 Mohr 圆用包络线包围起来，作为破裂的极限状态，包络线方程就是屈服条件 (参见图 7.2.3)。在静水压力不大时，包络线可用倾斜直线来表示，这就使 Coulomb 和 Mohr 的理论结合起来。

由于

$$\begin{aligned} \sigma_n &= \frac{1}{2}(\sigma_1 + \sigma_3) + \frac{1}{2}(\sigma_1 - \sigma_3)\sin\theta \\ \tau_n &= \frac{1}{2}(\sigma_1 - \sigma_3)\cos\theta \end{aligned} \tag{7.2.27}$$

所以式 (7.2.26) 可以表示为

$$f = \frac{1}{2}(\sigma_1 - \sigma_3) + \frac{1}{2}(\sigma_1 + \sigma_3)\sin\theta - C\cos\theta = 0 \tag{7.2.28}$$

利用式 (7.2.15)，可将上式表为

$$f = \sqrt{-\mathrm{II}'}\left(\cos\phi - \frac{\sin\theta}{\sqrt{3}}\sin\phi\right) + \frac{\mathrm{I}}{3}\sin\theta - C\cos\theta = 0 \tag{7.2.29}$$

利用 $\rho = \sqrt{-2\,\mathrm{II}'}$，并令

$$\tan\beta = \frac{\sin\theta}{\sqrt{3}} \tag{7.2.30}$$

最后可得 Coulomb-Mohr 屈服条件的极坐标形式

$$f_1 = \rho\cos(\phi + \beta) - \sqrt{2}\cos\beta(p\sin\theta + C\cos\theta) = 0 \quad \left(-\frac{\pi}{6} \leqslant \phi \leqslant \frac{\pi}{6}\right) \tag{7.2.31}$$

我们注意到当 $p=0$ 时，可得到在 π 平面上一个直线段的方程

$$\rho\cos(\phi+\beta)=\sqrt{2}C\cos\beta\cos\theta \qquad \left(-\frac{\pi}{6}\leqslant\phi\leqslant\frac{\pi}{6}\right) \tag{7.2.32}$$

在 ϕ 从 0 到 2π 的变化范围内，一共可以得到与此相类的 6 个直线段，围成一个具有 3 个对称轴的六边形 (参见图 7.2.4)。

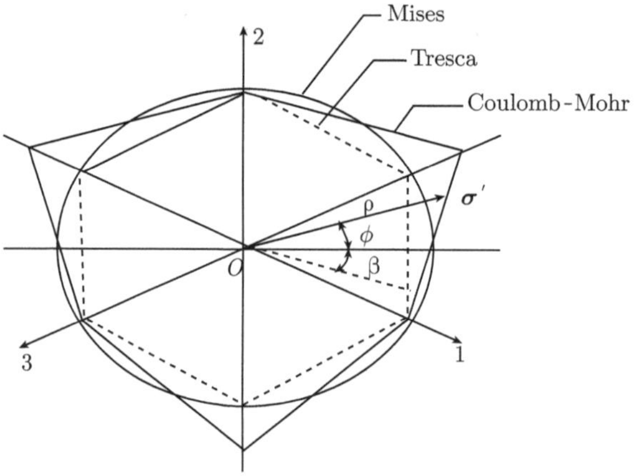

图 7.2.4

当 $p=-C\cot\theta$ 时，则 $\rho=0$，这时六边形缩成一点。所以 Coulomb-Mohr 屈服轨迹是在主应力空间中以等倾线为轴的一个角锥。

Drucker 和 Prager (1952) 提出一个考虑静水压力影响的在 Mises 准则的基础上略加推广的简单形式

$$f=\sqrt{-\mathrm{II}'}+\alpha\,\mathrm{I}\,-k=0 \tag{7.2.33}$$

或者 (参见图 7.2.5)

$$f=\rho-ap-\sqrt{\frac{2}{3}}Y=0 \tag{7.2.34}$$

在主应力空间中的轨迹是一个正圆锥。

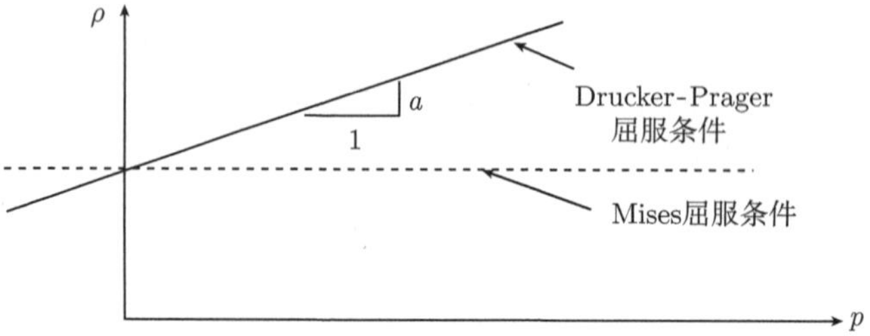

图 7.2.5

后继屈服面

材料达到初始屈服后将会发生塑性变形。随着塑性变形的发展，在一维应力情况下，按照材料所表现的行为的不同，一般有三种不同的表现：在硬化时应力增高，在理想塑性时应力保持不变，在软化时应力降低。在复合应力情况下就分别表现为屈服面的扩大、保持或缩小。当然，和单向拉伸中反向加载时后继屈服点跟卸载开始点不相对称的 Baushinger 效应相对应，在复合应力情况中也应该允许屈服面在形状改变的同时可以有位置的改变。这种变了形或变了位的屈服面叫做**后继屈服面**或**加载面**。

为了描述屈服面的扩大与缩小，常常引入一个硬化量度 K，这是一个标量，或者表示为塑性功 W^{P} 的函数 (所谓**做功硬化**)：

$$K = K(W^{\mathrm{P}}) = K\left(\int \boldsymbol{\sigma} \cdot \mathrm{d}\boldsymbol{\varepsilon}^{\mathrm{p}}\right) \tag{7.2.35}$$

或者表示为塑性应变路径长度 S^{P} 的函数 (所谓**应变硬化**)：

$$K = K(S^{\mathrm{P}}) = K\left(\int \sqrt{\mathrm{d}\boldsymbol{\varepsilon}^{\mathrm{p}} \cdot \mathrm{d}\boldsymbol{\varepsilon}^{\mathrm{p}}}\right) \tag{7.2.36}$$

这里，两个积分都是循应变路径的线积分，因而硬化量度 K 是反映塑性应变发展历史的泛函。但如有两条不同的应变路径，所算得的泛函之值相同，便认为它们有同样的硬化程度，它们对于屈服面的扩大或缩小便有同样的贡献。

为了描述屈服面的位置变动，常常作出假定认为在应力空间中的位置移动量是和当时的塑性应变 $\boldsymbol{\varepsilon}^{\mathrm{p}}$ 相关的。

因此后继屈服面或加载面可表示为

$$f = (\boldsymbol{\sigma}, \boldsymbol{\varepsilon}^{\mathrm{p}}, K) = 0 \tag{7.2.37}$$

在参量 $\boldsymbol{\varepsilon}^{\mathrm{p}}$ 和 K 固定时，它是应力空间中的一个超曲面，f 叫做屈服函数或加载函数。在初始屈服时 $\boldsymbol{\varepsilon}^{\mathrm{p}} = 0$，$K = 0$，此式就化为初始屈服条件 (7.2.1)。

7.3 在应力空间中表述的本构关系

塑性本构关系是和屈服函数紧密相联的，如一般所做的那样，屈服函数是在应力空间中表述的，因此本构关系也应在应力空间中表述。所有的本构函数都是状态变量应力 $\boldsymbol{\sigma}$ 的函数，也是内变量塑性应变 $\boldsymbol{\varepsilon}^{\mathrm{p}}$ 和硬化量度 K 的函数。

在等温条件下，本构方程的构成包括状态方程

$$\boldsymbol{\varepsilon}^{\mathrm{e}} = \frac{\rho \partial G(\boldsymbol{\sigma}, \boldsymbol{\varepsilon}^{\mathrm{p}}, K)}{\partial \boldsymbol{\sigma}} \tag{7.3.1}$$

和演化方程

$$\dot{K} = \dot{K}(\boldsymbol{\sigma}, \boldsymbol{\varepsilon}^{\mathrm{p}}, K, \dot{\boldsymbol{\varepsilon}}) \tag{7.3.2}$$

$$\dot{\boldsymbol{\varepsilon}}^{\mathrm{p}} = \dot{\boldsymbol{\varepsilon}}^{\mathrm{p}}(\boldsymbol{\sigma}, \boldsymbol{\varepsilon}^{\mathrm{p}}, K, \dot{\boldsymbol{\varepsilon}}) \tag{7.3.3}$$

式中，G 是 Gibbs 自由焓，是一个弹性势函数，可以由此导出弹性应变。在非弹塑性耦合材料中，G 不依赖于 $\boldsymbol{\varepsilon}^{\mathrm{p}}$ 和 K，而在弹性变形很小的大多数情况中，G 只是应力张量的二次式标量函数，因而可以导出各向异性的线性弹性本构关系：

$$\boldsymbol{\varepsilon}^{\mathrm{e}} = \boldsymbol{\mathcal{D}}\boldsymbol{\sigma} \tag{7.3.4}$$

这里，$\boldsymbol{\mathcal{D}}$ 是四阶弹性柔度张量，具有下列的完全对称性：

$$\boldsymbol{\mathcal{D}}_{ijkl} = \boldsymbol{\mathcal{D}}_{jikl} = \boldsymbol{\mathcal{D}}_{ijlk} = \boldsymbol{\mathcal{D}}_{klij} \tag{7.3.5}$$

两个演化方程对于变量的时间导数应该是齐次的，这样才能保证时间变量不会通过积分进入方程，从而保证本构关系是时间无关的也即速率无关的。这样我们可以假定 $\dot{K}$ 是 $\dot{\boldsymbol{\sigma}}$ 或 $\dot{\boldsymbol{\varepsilon}}^{\mathrm{p}}$ 的线性方程，但是为了使得塑性应变停止发展时 $(\dot{\boldsymbol{\varepsilon}}^{\mathrm{p}} = 0)$ 硬化也停止发展 $(\dot{K} = 0)$，我们只能假定 $\dot{K}$ 仅是 $\dot{\boldsymbol{\varepsilon}}^{\mathrm{p}}$ 的线性函数：

$$\dot{K} = \boldsymbol{H}(\boldsymbol{\sigma}, \boldsymbol{\varepsilon}^{\mathrm{p}}, K) \cdot \dot{\boldsymbol{\varepsilon}}^{\mathrm{p}} \tag{7.3.6}$$

可以注意这样的假定是和做功硬化式 (7.2.35) 相对应的。

关于塑性应变的演化以及和此紧密相关的加载准则可以从 Drucker (1952) 公设出发来讨论。在这个公设中，考虑一物体处于初始平衡状态，逐渐施加外部作用使物体屈服、硬化，然后逐渐除去外部作用，使物体回到原来的平衡应力状态，则在这个应力循环中，附加的外部作用对物体的功是非负的。这与大量实验观察相符。由于在每个应力循环之后，物体中必留下残余变形，从而使得在应力循环中应变不能回到原值，因此这个循环不是在热力学意义下的一个封闭循环。这个公设通常叫做**准热力学公设**。

设在初始时刻 $t = t_0$ 时，物体处于平衡应力状态 $\boldsymbol{\sigma}^0$，此状态由应力空间中的应力点 A_0 表示 (参见图 7.3.1)。A_0 可以在屈服面之内或正处于屈服面上，此屈服面可以是初始屈服面或后继屈服面。施加附加外力使在 $t = t_*$ 时应力达到屈服面上一点 B，其应力状态为 $\boldsymbol{\sigma}^*$。设在后继加载中材料硬化，后继屈服面扩大，在 $t = t_* + \delta t$ 时，应力达到 C 点。然后逐渐卸去附加外部作用，使物体弹性卸载。当 $t = t_1$ 时，应力到达 A_1 点，和出发点 A_0 重合，完成了一个应力循环。

按 Drucker 公设，在这一应力循环中，附加作用所引起的应力对单位质量物体所做的总变形功是非负的。

$$w_\sigma = \int_{t_0}^{t_1} \frac{1}{\rho}(\boldsymbol{\sigma} - \boldsymbol{\sigma}^0) \cdot \dot{\boldsymbol{\varepsilon}} \mathrm{d}t \geqslant 0 \tag{7.3.7}$$

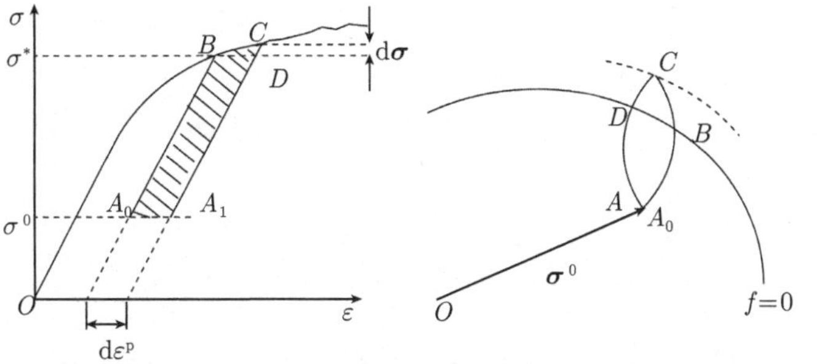

图 7.3.1

由于假定材料是非弹塑性耦合的，卸载时的弹性性质不因曾经发生过的塑性变形而改变，在这一应力循环中弹性变形功的总和应为零，余下的塑性变形功应为非负；而塑性变形只发生在 BC 段，因此有

$$w_\sigma = \int_{t_*}^{t_*+\delta t} \frac{1}{\rho}(\boldsymbol{\sigma} - \boldsymbol{\sigma}^0) \cdot \boldsymbol{\varepsilon}^{\mathrm{p}} \mathrm{d}t \geqslant 0 \tag{7.3.8}$$

将此积分在 t_* 附近作 Taylor 展开：

$$\left.\frac{1}{\rho}(\boldsymbol{\sigma} - \boldsymbol{\sigma}^0) \cdot \boldsymbol{\varepsilon}^{\mathrm{p}}\right|_{t_*} \delta t + \frac{1}{2\rho}\left.\left\{\dot{\boldsymbol{\sigma}} \cdot \dot{\boldsymbol{\varepsilon}}^{\mathrm{p}} + (\boldsymbol{\sigma} - \boldsymbol{\sigma}^0) \cdot \ddot{\boldsymbol{\varepsilon}}^{\mathrm{p}} - (\boldsymbol{\sigma} - \boldsymbol{\sigma}^0) \cdot \dot{\boldsymbol{\varepsilon}}^{\mathrm{p}} \frac{\dot{\rho}}{\rho}\right\}\right|_{t_*} \delta t^2 + \cdots \geqslant 0 \tag{7.3.9}$$

当 $\boldsymbol{\sigma}^* \neq \boldsymbol{\sigma}^0$ 时，可略去二阶以上的量而得

$$(\boldsymbol{\sigma}^* - \boldsymbol{\sigma}^0) \cdot \mathrm{d}\boldsymbol{\varepsilon}^{\mathrm{p}} \geqslant 0 \tag{7.3.10}$$

当 $\boldsymbol{\sigma}^* = \boldsymbol{\sigma}^0$ 时，取到二阶，则有

$$\frac{1}{2}\mathrm{d}\boldsymbol{\sigma} \cdot \mathrm{d}\boldsymbol{\varepsilon}^{\mathrm{p}} \geqslant 0 \tag{7.3.11}$$

这是从 Drucker 公设得到的两个重要结果。从这两个不等式可以得出：①屈服面一定是外凸的 (外凸性)；②在屈服面的光滑点上，塑性应变增量的方向必然和屈服面在该点的外法线方向一致 (正交性)；③在硬化变形阶段和理想塑性变形阶段的加载准则。

外凸性 —— 在屈服面上任意点的塑性应变增量向量 $\mathrm{d}\boldsymbol{\varepsilon}^{\mathrm{p}}$ 决不能指向屈服面内。因为屈服面内是弹性区，不可能发生塑性变形，所以 $\mathrm{d}\boldsymbol{\varepsilon}^{\mathrm{p}}$ 必指向屈服面外。设 $\mathrm{d}\boldsymbol{\varepsilon}^{\mathrm{p}}$ 和向量 $(\boldsymbol{\sigma}^* - \boldsymbol{\sigma}^0)$ 之间的夹角为 ψ，则由式 (7.3.10)

$$(\boldsymbol{\sigma}^* - \boldsymbol{\sigma}^0) \cdot \mathrm{d}\boldsymbol{\varepsilon}^{\mathrm{p}} = \left|\boldsymbol{\sigma}^* - \boldsymbol{\sigma}^0\right| \cdot \left|d\boldsymbol{\varepsilon}^{\mathrm{p}}\right| \cos\psi \geqslant 0 \tag{7.3.12}$$

因此必有

$$-\frac{\pi}{2} \leqslant \psi \leqslant \frac{\pi}{2} \tag{7.3.13}$$

如在 $B(\boldsymbol{\sigma}^*)$ 点作一个垂直于 $\mathrm{d}\boldsymbol{\varepsilon}^{\mathrm{p}}$ 的超平面，则为了保证交角 ψ 小于 $90°$，点 $A_0(\boldsymbol{\sigma}^0)$ 必须跟 $\mathrm{d}\boldsymbol{\varepsilon}^{\mathrm{p}}$ 位于超平面不同的两侧。由 A_0 可以位于屈服面上任意一点，可知屈服面的全部必须不和 $\mathrm{d}\boldsymbol{\varepsilon}^{\mathrm{p}}$ 同侧。这个论断对于过屈服面上任何点的超平面都成立。因此屈服面一定是外凸的。

正交性 —— 在屈服面外凸的前提下，因 $\mathrm{d}\boldsymbol{\varepsilon}^{\mathrm{p}}$ 指向屈服面外方，就必须和外法线一致，如不一致，就可以在屈服面内或面上找到一点 A_0' 使 $|\psi| > \dfrac{\pi}{2}$，这就违背了式 (7.3.13)。因此唯一的可能就是 $\mathrm{d}\boldsymbol{\varepsilon}^{\mathrm{p}}$ 和屈服面 $f=0$ 的外法线方向 $\dfrac{\partial f}{\partial \boldsymbol{\sigma}}$ 同向，而有

$$\mathrm{d}\boldsymbol{\varepsilon}^{\mathrm{p}} = \mathrm{d}\lambda \frac{\partial f}{\partial \boldsymbol{\sigma}} \qquad (\mathrm{d}\lambda \geqslant 0) \tag{7.3.14}$$

这里，$\mathrm{d}\lambda$ 是待定的变量，但不能为负值。屈服函数 f 可以看成是塑性势。

加载准则 —— 判断是否加载，传统的办法是看加载面是否扩大，或应力增量是否指向加载面即屈服面外。合理的加载准则应看塑性应变是否继续发展。对于硬化变形阶段，不等式 (7.3.11) 提供了这个准则。结合式 (7.3.14) 有

$$\frac{1}{2}\mathrm{d}\boldsymbol{\sigma} \cdot \mathrm{d}\boldsymbol{\varepsilon}^{\mathrm{p}} = \frac{1}{2}\mathrm{d}\lambda \frac{\partial f}{\partial \boldsymbol{\sigma}} \cdot \mathrm{d}\boldsymbol{\sigma} \geqslant 0 \qquad (\mathrm{d}\lambda \geqslant 0) \tag{7.3.15}$$

当 $f < 0$ 时，表示应力点未到达屈服面，材料处于弹性变形状态，当然有 $\mathrm{d}\boldsymbol{\varepsilon}^{\mathrm{p}} = 0$。

当 $f = 0$ 时，表示应力点在屈服面上，可分 3 种情况：

(1) $\dfrac{\partial f}{\partial \boldsymbol{\sigma}} \cdot \mathrm{d}\boldsymbol{\sigma} < 0$，$\mathrm{d}\boldsymbol{\sigma}$ 指向屈服面内，这时只有 $\mathrm{d}\lambda = 0$，也即 $\mathrm{d}\boldsymbol{\varepsilon}^{\mathrm{p}} = 0$，才不违反不等式 (7.3.15)，这就是卸载情况。

(2) $\dfrac{\partial f}{\partial \boldsymbol{\sigma}} \cdot \mathrm{d}\boldsymbol{\sigma} = 0$，$\mathrm{d}\boldsymbol{\sigma}$ 切于屈服面，应力点沿屈服面变动，$\mathrm{d}\boldsymbol{\varepsilon}^{\mathrm{p}} = 0$，属于中性变载。

(3) $\dfrac{\partial f}{\partial \boldsymbol{\sigma}} \cdot \mathrm{d}\boldsymbol{\sigma} > 0$，$\mathrm{d}\boldsymbol{\sigma}$向屈服面外，使屈服面扩大，属于加载状态，此时 $\mathrm{d}\lambda > 0$，塑性应变有发展，满足式 (7.3.14)。

总结来说，关于塑性应变的演化方程可归结为

$$\dot{\boldsymbol{\varepsilon}}^{\mathrm{p}} = \begin{cases} 0, & (f < 0) \qquad (\text{弹性}) \\ 0, & \left(f = 0,\ \dfrac{\partial f}{\partial \boldsymbol{\sigma}} \cdot \dot{\boldsymbol{\sigma}} < 0\right) \qquad (\text{卸载}) \\ 0, & \left(f = 0,\ \dfrac{\partial f}{\partial \boldsymbol{\sigma}} \cdot \dot{\boldsymbol{\sigma}} = 0\right) \qquad (\text{中性}) \\ \dot{\lambda}\dfrac{\partial f}{\partial \boldsymbol{\sigma}} & \left(f = 0,\ \dfrac{\partial f}{\partial \boldsymbol{\sigma}} \cdot \dot{\boldsymbol{\sigma}} > 0\right) \qquad (\text{加载}) \end{cases} \tag{7.3.16}$$

最后一式中的 $\dot{\lambda}$ 可由所谓一致性方程导出：

$$\dot{f} = \frac{\partial f}{\partial \boldsymbol{\sigma}} \cdot \dot{\boldsymbol{\sigma}} + \frac{\partial f}{\partial \boldsymbol{\varepsilon}^{\mathrm{p}}} \cdot \dot{\boldsymbol{\varepsilon}}^{\mathrm{p}} + \frac{\partial f}{\partial K} \frac{\partial K}{\partial \boldsymbol{\varepsilon}^{\mathrm{p}}} \cdot \dot{\boldsymbol{\varepsilon}}^{\mathrm{p}} = 0 \tag{7.3.17}$$

把 $\dot{\boldsymbol{\varepsilon}}^{\mathrm{p}}$ 用式 (7.3.16) 第四式的值代入后，最后可求得

$$\dot{\lambda} = \frac{1}{h} \frac{\partial f}{\partial \boldsymbol{\sigma}} \cdot \dot{\boldsymbol{\sigma}} \tag{7.3.18}$$

式中

$$h = -\left(\frac{\partial f}{\partial \boldsymbol{\varepsilon}^{\mathrm{p}}} + \frac{\partial f}{\partial K} \frac{\partial K}{\partial \boldsymbol{\varepsilon}^{\mathrm{p}}} \right) \cdot \frac{\partial f}{\partial \boldsymbol{\sigma}} \tag{7.3.19}$$

代回式 (7.3.16) 第四式后就得出

$$\dot{\boldsymbol{\varepsilon}}^{\mathrm{p}} = \frac{1}{h} \frac{\partial f}{\partial \boldsymbol{\sigma}} \frac{\partial f}{\partial \boldsymbol{\sigma}} \cdot \dot{\boldsymbol{\sigma}} \tag{7.3.20}$$

和弹性应变式 (7.3.4) 的变率 $\dot{\boldsymbol{\varepsilon}}^{\mathrm{e}}$ 合并，得到全应力应变关系为

$$\dot{\boldsymbol{\varepsilon}} = \dot{\boldsymbol{\varepsilon}}^{\mathrm{e}} + \dot{\boldsymbol{\varepsilon}}^{\mathrm{p}} = \left(\boldsymbol{\mathcal{D}} + \frac{1}{h} \frac{\partial f}{\partial \boldsymbol{\sigma}} \frac{\partial f}{\partial \boldsymbol{\sigma}} \right) \cdot \dot{\boldsymbol{\sigma}} \tag{7.3.21}$$

这是普遍的对各种屈服面函数都适合的**各向异性的弹塑性本构关系**，从 $\dot{\varepsilon}$ 和 $\dot{\boldsymbol{\sigma}}$ 的齐次关系来看这个方程是速率无关的。但是这方程连同加载准则 (7.3.16) 只适用于塑性变形的硬化阶段。

对于理想塑性变形阶段，屈服面保持不变，因此不可能出现 $\dfrac{\partial f}{\partial \boldsymbol{\sigma}} \cdot \dot{\boldsymbol{\sigma}} > 0$ 的情况，应力增量或向屈服面内部 $\dfrac{\partial f}{\partial \boldsymbol{\sigma}} \cdot \dot{\boldsymbol{\sigma}} < 0$，形成卸载；或沿屈服面，但 $\dot{\lambda} > 0$，因而 $\mathrm{d}\boldsymbol{\varepsilon}^{\mathrm{p}}$ 仍继续发展，所以属于加载，而无中性变载。这种加载情况也符合不等式 (7.3.15)。因此在理想塑性变形阶段，加载准则和塑性应变的演化可归结为

$$\dot{\boldsymbol{\varepsilon}}^{\mathrm{p}} = \begin{cases} 0, & (f < 0), \quad (\text{弹性}) \\ 0, & \left(f = 0,\ \dfrac{\partial f}{\partial \boldsymbol{\sigma}} \cdot \dot{\boldsymbol{\sigma}} < 0 \right) \quad (\text{卸载}) \\ \dot{\lambda} \dfrac{\partial f}{\partial \boldsymbol{\sigma}}, & \left(f = 0,\ \dfrac{\partial f}{\partial \boldsymbol{\sigma}} \cdot \dot{\boldsymbol{\sigma}} = 0 \right) \quad (\text{加载}) \end{cases} \tag{7.3.22}$$

但这时式 (7.3.18) 和式 (7.3.20) 都成为不定式 $\dfrac{0}{0}$，不能再用。

为了定出 $\dot{\lambda}$，可将式 (7.3.22) 第三式自乘，得

$$\dot{S}^2 = \dot{\boldsymbol{\varepsilon}}^{\mathrm{p}} \cdot \dot{\boldsymbol{\varepsilon}}^{\mathrm{p}} = \lambda^2 \frac{\partial f}{\partial \boldsymbol{\sigma}} \frac{\partial f}{\partial \boldsymbol{\sigma}} \tag{7.3.23}$$

所以

$$\dot{\lambda} = \frac{\dot{S}}{\left(\dfrac{\partial f}{\partial \boldsymbol{\sigma}}\dfrac{\partial f}{\partial \boldsymbol{\sigma}}\right)^{\frac{1}{2}}} \tag{7.3.24}$$

代回式 (7.3.22) 第三式，

$$\dot{\boldsymbol{\varepsilon}}^{\mathrm{p}} = \dot{S}\left(\frac{\partial f}{\partial \boldsymbol{\sigma}}\frac{\partial f}{\partial \boldsymbol{\sigma}}\right)^{-\frac{1}{2}}\frac{\partial f}{\partial \boldsymbol{\sigma}} \tag{7.3.25}$$

实际上此式仍不能确定 $\dot{\lambda}$ 和 $\mathrm{d}\boldsymbol{\varepsilon}^{\mathrm{p}}$，这是理想塑性变形的典型特性。在实际问题中，如果周围物体还处在弹性阶段，那么在弹性区包围的理想塑性区的应变是受到限制的，不能任意增大，因而可从弹塑性边界的连续条件把 $\mathrm{d}\lambda$ 和 $\mathrm{d}\boldsymbol{\varepsilon}^{\mathrm{p}}$ 确定下来。

在应力空间列出的屈服条件和本构关系不能处理塑性变形中的软化阶段，因为无法区分软化过程中屈服面缩小和卸载二者。在软化变形中 $\mathrm{d}\lambda > 0$，$\dfrac{\partial f}{\partial \boldsymbol{\sigma}} \cdot \mathrm{d}\boldsymbol{\sigma} < 0$，不等式 (7.3.15) 不能满足。这不是软化过程不符合自然规律，而是 Drucker 公设的不充分。问题可用应变空间中列式来解决。

7.4　在应变空间中表述的本构关系

为了建立普遍适用于塑性变形的硬化、理想塑性和软化阶段的本构关系，近年来提出了在应变空间中表示屈服面并在此基础上确立加载准则和本构方程的办法。

以应变 $\boldsymbol{\varepsilon}$ 为状态变量，并以塑性应变 $\boldsymbol{\varepsilon}^{\mathrm{p}}$ 和硬化量度 K 作为内部变量，屈服方程可以写为

$$g(\boldsymbol{\varepsilon}, \boldsymbol{\varepsilon}^{\mathrm{p}}, K) = 0 \tag{7.4.1}$$

它可通过应力空间中的屈服函数经过变量代换得出

$$f(\boldsymbol{\sigma}, \boldsymbol{\varepsilon}^{\mathrm{p}}, K) = f[\boldsymbol{\sigma}(\boldsymbol{\varepsilon}, \boldsymbol{\varepsilon}^{\mathrm{p}}, K), \boldsymbol{\varepsilon}^{\mathrm{p}}, K] = g(\boldsymbol{\varepsilon}, \boldsymbol{\varepsilon}^{\mathrm{p}}, K) \tag{7.4.2}$$

其中，应力作为应变的函数以自由能 ψ 作为弹性势函数导出

$$\boldsymbol{\sigma}(\boldsymbol{\varepsilon}, \boldsymbol{\varepsilon}^{\mathrm{p}}, K) = \frac{\rho \partial \psi(\boldsymbol{\varepsilon}^{\mathrm{e}} + \boldsymbol{\varepsilon}^{\mathrm{p}}, \boldsymbol{\varepsilon}^{\mathrm{p}}, K)}{\partial \boldsymbol{\varepsilon}^{\mathrm{e}}} \tag{7.4.3}$$

在非弹塑性耦合材料中的小弹性变形的情况，可以假定自由能 ψ 仅是弹性应变 $\boldsymbol{\varepsilon}^{\mathrm{e}}$ 的二次式，于是得出

$$\boldsymbol{\sigma} = \boldsymbol{C}\boldsymbol{\varepsilon}^{\mathrm{e}} \tag{7.4.4}$$

这里，$\boldsymbol{C}$ 是弹性刚度四阶张量，具有完全对称性。

本构关系中内变量 K 的演化方程应该体现出速率无关性的特点，即硬化量度率 $\dot{K}$ 和塑性应变率 $\dot{\varepsilon}^{\mathrm{p}}$ 对于应用什么时间尺度来计算变化率是不相干的。由于考虑在 $\dot{\varepsilon}^{\mathrm{p}}=0$ 时必须有 $\dot{K}=0$，K 的演化方程可以写为

$$\dot{K}=\boldsymbol{G}(\boldsymbol{\varepsilon},\boldsymbol{\varepsilon}^{\mathrm{p}},K)\cdot\dot{\boldsymbol{\varepsilon}}^{\mathrm{p}} \tag{7.4.5}$$

关于塑性应变演化方程则可以从Ильюжин(1961) 公设出发来讨论。这个公设提出：从屈服面内或面上一个应变点出发，对物体加载使其屈服并发生塑性变形，然后卸载回复到原应变点，经过这样一个应变循环，附加应力所做总变形功非负。

设 $t=t_0$ 时的应变状态 $\boldsymbol{\varepsilon}^0$ 由应变空间中的 A_0 点表示，其时，相应的应力为 $\boldsymbol{\sigma}^0$ (参见图 7.4.1)。经加载在 $t=t_*$ 时，应变点到达屈服面上的 B 点，其应力和应变状态为 $\boldsymbol{\sigma}^*,\boldsymbol{\varepsilon}^*$；再加载经 δt 时间，塑性应变有所发展，应变点到达 C 点，不论其时的变形情况为硬化，理想塑性或软化，也即不论其时的应力增量方向对屈服面来说为向外、相切或向内，应变屈服面总是随着塑性应变的发展而扩大的。然后逐渐卸去附加的外部作用，使物体弹性卸载，在 $t=t_1$ 时应变点到达 A_1 点，该处的应力恰与 A_0 点应力 $\boldsymbol{\sigma}^0$ 相同。这样，物体经历了一个应力循环。但由于塑性应变的残留，尚需通过一个继续的弹性卸载，使这一段恢复的应变恰与保留下来的塑性应变相等，这样就完成了一个应变循环，在 $t=t_2$ 时应变点到达 A_2 点，和出发点 A_0 重合。

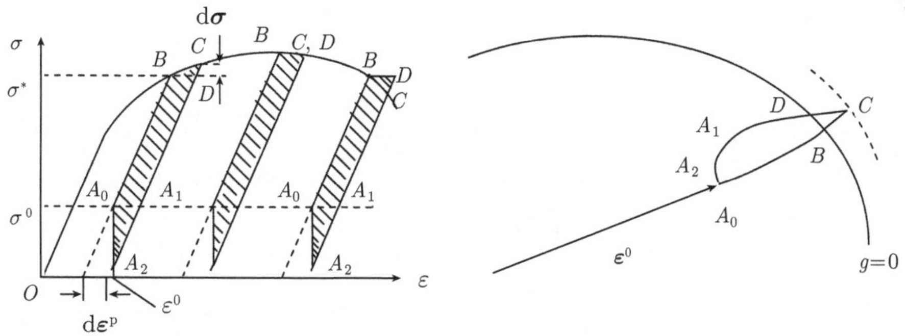

图 7.4.1

按Ильюжин公设，单位质量的总变形功非负：

$$w_{\boldsymbol{\varepsilon}}=\int_{t_0}^{t_2}\frac{1}{\rho}(\boldsymbol{\sigma}-\boldsymbol{\sigma}^0)\cdot\dot{\boldsymbol{\varepsilon}}\mathrm{d}t\geqslant 0 \tag{7.4.6}$$

把这积分以 t_1 时刻为界分两段进行，可得

$$w_{\boldsymbol{\varepsilon}}=\int_{t_0}^{t_1}\frac{1}{\rho}(\boldsymbol{\sigma}-\boldsymbol{\sigma}^0)\cdot\dot{\boldsymbol{\varepsilon}}\mathrm{d}t+\int_{t_1}^{t_2}\frac{1}{\rho}(\boldsymbol{\sigma}-\boldsymbol{\sigma}^0)\cdot\dot{\boldsymbol{\varepsilon}}\mathrm{d}t=w_{\boldsymbol{\sigma}}+\frac{1}{2\rho}\mathrm{d}\boldsymbol{\sigma}^{\mathrm{p}}\cdot\mathrm{d}\boldsymbol{\varepsilon}^{\mathrm{p}}\geqslant 0 \tag{7.4.7}$$

式中，w_σ 是 Drucker 应力循环的塑性功，$\mathrm{d}\boldsymbol{\sigma}^{\mathrm{p}}$ 为残余应力增量，就是使应力循环中所曾发展的塑性应变 $\mathrm{d}\varepsilon^{\mathrm{p}}$ 经过弹性卸载使之消失所需的弹性应力

$$\mathrm{d}\boldsymbol{\sigma}^{\mathrm{p}} = \boldsymbol{C}\mathrm{d}\boldsymbol{\varepsilon}^{\mathrm{p}} \tag{7.4.8}$$

这里，$\mathrm{d}\boldsymbol{\sigma}^{\mathrm{p}}$ 表示卸载应力，如果以通常的应力来度量，它应乘以 -1 的系数；它在恢复应变 $\mathrm{d}\varepsilon^{\mathrm{p}}$ 上所做的弹性变形功显然是正的

$$\frac{1}{2}\mathrm{d}\boldsymbol{\sigma}^{\mathrm{p}} \cdot \mathrm{d}\boldsymbol{\varepsilon}^{\mathrm{p}} > 0 \tag{7.4.9}$$

因此，如果 Drucker 公设成立，$w_{\boldsymbol{\sigma}} > 0$，Ильюжин公设就一定 $w_{\boldsymbol{\varepsilon}} > 0$。反过来，如果后者成立，则不必要求前者一定成立。例如，对于软化变形阶段，在取 $\boldsymbol{\sigma}^* = \boldsymbol{\sigma}^0$ 时，$w_{\boldsymbol{\sigma}} < 0$，因此 Drucker 公设不能讨论软化过程，但是Ильюжин 公设则有可能来研究它。

跟讨论 Drucker 公设一样，可以在 t_* 附近把 $w_{\boldsymbol{\varepsilon}}$ 作 Taylor 展开。当 $\sigma^* \neq \sigma^0$ 时，只取一阶小量，可得

$$\begin{aligned} w_{\boldsymbol{\varepsilon}} = (\boldsymbol{\sigma}^* - \boldsymbol{\sigma}^0) \cdot \mathrm{d}\boldsymbol{\varepsilon}^{\mathrm{p}} &= \boldsymbol{C}(\varepsilon^* - \varepsilon^0) \cdot \mathrm{d}\varepsilon^{\mathrm{p}} \\ &= (\varepsilon^* - \boldsymbol{\varepsilon}^0) \cdot \boldsymbol{C}\mathrm{d}\boldsymbol{\varepsilon}^{\mathrm{p}} \\ &= (\boldsymbol{\varepsilon} - \boldsymbol{\varepsilon}^0) \cdot \mathrm{d}\boldsymbol{\sigma}^{\mathrm{p}} \geqslant 0 \end{aligned} \tag{7.4.10}$$

当 $\boldsymbol{\sigma}^* = \boldsymbol{\sigma}^0$ 时，取到级数的二阶项有

$$\begin{aligned} w_{\boldsymbol{\varepsilon}} &= \frac{1}{2}\mathrm{d}\boldsymbol{\sigma} \cdot \mathrm{d}\boldsymbol{\varepsilon}^{\mathrm{p}} + \frac{1}{2}\mathrm{d}\boldsymbol{\sigma}^{\mathrm{p}} \cdot \mathrm{d}\boldsymbol{\varepsilon}^{\mathrm{p}} \\ &= \frac{1}{2}\boldsymbol{C}(\mathrm{d}\boldsymbol{\varepsilon}^{\mathrm{e}} + \mathrm{d}\boldsymbol{\varepsilon}^{\mathrm{p}}) \cdot \mathrm{d}\boldsymbol{\varepsilon}^{\mathrm{p}} \\ &= \frac{1}{2}\mathrm{d}\boldsymbol{\varepsilon} \cdot \boldsymbol{C}\mathrm{d}\boldsymbol{\varepsilon}^{\mathrm{p}} \\ &= \frac{1}{2}\mathrm{d}\boldsymbol{\varepsilon} \cdot \boldsymbol{C}\mathrm{d}\boldsymbol{\sigma}^{\mathrm{p}} \geqslant 0 \end{aligned} \tag{7.4.11}$$

这样，从式 (7.4.10) 可以证明在应变空间中屈服面的外凸性和正交性。而有

$$\mathrm{d}\boldsymbol{\sigma}^{\mathrm{p}} = \mathrm{d}\mu\frac{\partial g}{\partial \boldsymbol{\varepsilon}} \tag{7.4.12}$$

我们将立刻发现 $\mathrm{d}\mu = \mathrm{d}\lambda$，因为由式 (7.4.2)，

$$\frac{\partial g}{\partial \boldsymbol{\varepsilon}} = \frac{\partial f}{\partial \boldsymbol{\sigma}} \cdot \frac{\partial \boldsymbol{\sigma}}{\partial \boldsymbol{\varepsilon}} = \frac{\partial f}{\partial \boldsymbol{\sigma}} \cdot \frac{\partial \boldsymbol{\sigma}}{\partial \boldsymbol{\varepsilon}^0} \cdot \frac{\partial \boldsymbol{\varepsilon}^0}{\partial \boldsymbol{\varepsilon}} = \frac{\partial f}{\partial \boldsymbol{\varepsilon}} \cdot \boldsymbol{C} = \boldsymbol{C}\frac{\partial f}{\partial \boldsymbol{\sigma}} \tag{7.4.13}$$

$$\mathrm{d}\boldsymbol{\sigma}^{\mathrm{p}} = \boldsymbol{C}\mathrm{d}\boldsymbol{\varepsilon}^{\mathrm{p}} = \boldsymbol{C}\mathrm{d}\lambda\frac{\partial f}{\partial \boldsymbol{\sigma}} = \mathrm{d}\lambda\frac{\partial g}{\partial \boldsymbol{\varepsilon}} \qquad (\mathrm{d}\lambda \geqslant 0) \tag{7.4.14}$$

其次，由式 (7.4.11) 和式 (7.4.14) 可知

$$w_{\boldsymbol{\varepsilon}} = \frac{1}{2}\mathrm{d}\boldsymbol{\varepsilon}\cdot\mathrm{d}\boldsymbol{\varepsilon}^{\mathrm{p}} = \frac{1}{2}\mathrm{d}\lambda\frac{\partial g}{\partial \boldsymbol{\varepsilon}}\cdot\mathrm{d}\boldsymbol{\varepsilon} \geqslant 0 \qquad (\mathrm{d}\lambda \geqslant 0) \tag{7.4.15}$$

这就是加载准则。所谓加载，意指塑性应变继续发展，即 $\mathrm{d}\lambda > 0$，$\mathrm{d}\boldsymbol{\varepsilon}^{\mathrm{p}} \neq 0$。从单向拉伸加载曲线可知，对于硬化、理想塑性和软化等三种变形阶段，当 $\boldsymbol{\sigma}^* = \boldsymbol{\sigma}^0$ 时的 $w_{\boldsymbol{\varepsilon}}$，如图 7.4.2 的影线面积所示。

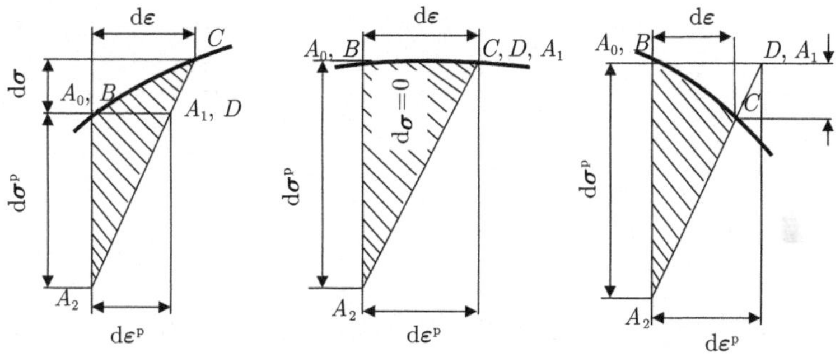

(a) 硬化 (b) 理想塑性 (c) 软化

图 7.4.2

可以看到总应变 $\mathrm{d}\varepsilon$ 总是和塑性应变 $\mathrm{d}\varepsilon^{\mathrm{p}}$ 同时发展的，但在硬化阶段 $\mathrm{d}\varepsilon > \mathrm{d}\varepsilon^{\mathrm{p}}$，在理想塑性阶段 $\mathrm{d}\varepsilon = \mathrm{d}\varepsilon^{\mathrm{p}}$，在软化阶段 $\mathrm{d}\varepsilon < \mathrm{d}\varepsilon^{\mathrm{p}}$。只是在软化的极限状态才会有 $\mathrm{d}\varepsilon = 0$。因此在加载阶段 $(\mathrm{d}\lambda > 0)$，总有 $\dfrac{\partial g}{\partial \boldsymbol{\varepsilon}}\cdot\mathrm{d}\boldsymbol{\varepsilon} \geqslant 0$，不等式 (7.4.15) 总是满足的。

注意到在复合应力状态，当 $\mathrm{d}\lambda = 0$ 时，必有 $\mathrm{d}\boldsymbol{\varepsilon}^{\mathrm{p}} = 0$，因而必有 $\mathrm{d}K = 0$，此时由式 (7.4.2) 可知：

$$\frac{\partial f}{\partial \boldsymbol{\sigma}}\cdot\mathrm{d}\boldsymbol{\sigma} = m\frac{\partial g}{\partial \boldsymbol{\varepsilon}}\cdot\mathrm{d}\boldsymbol{\varepsilon} \tag{7.4.16}$$

此处，$m\,(>0)$ 为正系数，因此在塑性应变停止发展时，$\dfrac{\partial f}{\partial \boldsymbol{\sigma}}\cdot\mathrm{d}\boldsymbol{\sigma}<0$ 对应于 $\dfrac{\partial g}{\partial \boldsymbol{\varepsilon}}\cdot\mathrm{d}\boldsymbol{\varepsilon}<0$，即卸载条件；而 $\dfrac{\partial f}{\partial \boldsymbol{\sigma}}\cdot\mathrm{d}\boldsymbol{\sigma} = 0$，对应于 $\dfrac{\partial g}{\partial \boldsymbol{\varepsilon}}\cdot\mathrm{d}\boldsymbol{\varepsilon} = 0$，即中性变载。

综合上面所述，可把应变空间中的加载准则和塑性应变的演化归结于下：

$$\dot{\boldsymbol{\varepsilon}}^{\mathrm{p}} = \boldsymbol{C}^{-1}\dot{\boldsymbol{\sigma}}^{\mathrm{p}} = \begin{cases} 0, & (g < 0) & (\text{弹性}) \\ 0, & \left(g = 0,\ \dfrac{\partial g}{\partial \boldsymbol{\varepsilon}}\cdot\mathrm{d}\boldsymbol{\varepsilon} < 0\right) & (\text{卸载}) \\ 0, & \left(g = 0,\ \dfrac{\partial g}{\partial \boldsymbol{\varepsilon}}\cdot\mathrm{d}\boldsymbol{\varepsilon} = 0\right) & (\text{中性}) \\ \dot{\lambda}\boldsymbol{C}^{-1}\dfrac{\partial g}{\partial \boldsymbol{\varepsilon}}, & \left(g = 0,\ \dfrac{\partial g}{\partial \boldsymbol{\varepsilon}}\cdot\mathrm{d}\boldsymbol{\varepsilon} > 0\right) & (\text{加载}) \end{cases} \tag{7.4.17}$$

此方程对于硬化、理想塑性和软化加载都适用。为确定 λ，可由一致性方程：

$$\dot{g}=\frac{\partial g}{\partial \boldsymbol{\varepsilon}}\cdot\dot{\boldsymbol{\varepsilon}}+\frac{\partial g}{\partial \boldsymbol{\varepsilon}^{\mathrm{p}}}\cdot\dot{\boldsymbol{\varepsilon}}^{\mathrm{p}}+\frac{\partial g}{\partial K}\frac{\partial K}{\partial \boldsymbol{\varepsilon}^{\mathrm{p}}}\cdot\dot{\boldsymbol{\varepsilon}}^{\mathrm{p}}=0 \tag{7.4.18}$$

代入式 (7.4.17) 第四式得出

$$\dot{\lambda}=\frac{\dfrac{\partial g}{\partial \boldsymbol{\varepsilon}}\cdot\dot{\boldsymbol{\varepsilon}}}{-\left(\dfrac{\partial g}{\partial \boldsymbol{\varepsilon}^{\mathrm{p}}}+\dfrac{\partial g}{\partial K}\dfrac{\partial K}{\partial \boldsymbol{\varepsilon}^{\mathrm{p}}}\right)\cdot\boldsymbol{C}^{-1}\dfrac{\partial g}{\partial \boldsymbol{\varepsilon}}} \tag{7.4.19}$$

因此，得出本构关系为

$$\dot{\boldsymbol{\varepsilon}}=\boldsymbol{C}^{-1}\dot{\boldsymbol{\sigma}}-\frac{\boldsymbol{C}^{-1}\dfrac{\partial g}{\partial \boldsymbol{\varepsilon}}\dfrac{\partial g}{\partial \boldsymbol{\varepsilon}}\cdot\dot{\boldsymbol{\varepsilon}}}{\left(\dfrac{\partial g}{\partial \boldsymbol{\varepsilon}^{\mathrm{p}}}+\dfrac{\partial g}{\partial K}\dfrac{\partial K}{\partial \boldsymbol{\varepsilon}^{\mathrm{p}}}\right)\cdot\boldsymbol{C}^{-1}\dfrac{\partial g}{\partial \boldsymbol{\varepsilon}}} \tag{7.4.20}$$

或者

$$\dot{\boldsymbol{\sigma}}=\left\{\boldsymbol{C}+\frac{\dfrac{\partial g}{\partial \boldsymbol{\varepsilon}}\dfrac{\partial g}{\partial \boldsymbol{\varepsilon}}}{\left(\dfrac{\partial g}{\partial \boldsymbol{\varepsilon}^{\mathrm{p}}}+\dfrac{\partial g}{\partial K}\dfrac{\partial K}{\partial \boldsymbol{\varepsilon}^{\mathrm{p}}}\right)\cdot\boldsymbol{C}^{-1}\dfrac{\partial g}{\partial \boldsymbol{\varepsilon}}}\right\}\cdot\dot{\boldsymbol{\varepsilon}} \tag{7.4.21}$$

第 8 章　黏　弹　性

8.1　线性黏弹性的弹簧阻尼器模型

黏弹性材料兼具弹性和黏性性质，表现出强烈的应变率效应，是一种具有记忆的材料。

黏弹性材料从固态性质较明显的橡胶、塑料 (尼龙、有机玻璃等)，到介于固流之间熔化的高分子材料，直到高分子溶液的黏弹性流体，具有很长的谱系。

从黏弹性材料本构方程形式说来，也是种类繁多。有所谓**率型材料**，应力和应变之间形成一阶、二阶或高阶的微分方程。有所谓**微分型材料**，其应力依赖于各阶应变率。有**积分型材料**，其应力可用应变的各重积分的多项式表出。当然还可以有以上各类的混合型材料。

黏弹性材料力学性能的描述多半是从控制应力的蠕变实验、控制应变的松弛实验、控制应变率的恒应变率实验，对于线性材料还从控制频率的振动和波动实验受到启发，构筑模型来模拟实验现象，或者从建立理论模型出发，发展黏弹性材料可能有的谱系，然后通过上述实验加以验证。

最初用弹簧和阻尼器模型来模拟黏弹性材料的性质，是非常直观和有启发性的。但是模拟常常只是定性的，要比较精确地拟合实验数据势必采取数量很多的元件，这些众多的元件并不能反映事物本质，说不出什么道理。最大的局限还在于弹簧 - 阻尼器模型实际上隐约地引用了叠加原理，因而只能适用于线性系统，先天地限制在微小应变的范围里。由于许多现象可以定性得到一些解释，我们还是先从这简单模型出发来阐述问题。

最早的模型是弹簧和阻尼器串联的 Maxwell 模型 (1867) 与弹簧和阻尼器并联的 Voigt 模型 (1889，实际上 Meyer 早在 1874 年就已提出)。这是两种最简单的模型。在一维应力情况下，它们的本构方程分别是

$$\dot{\varepsilon} = \dot{\varepsilon}^{\mathrm{e}} + \dot{\varepsilon}^{\mathrm{v}} = \frac{\dot{\boldsymbol{\sigma}}}{E} + \frac{\boldsymbol{\sigma}}{\eta}, \quad \boldsymbol{\sigma} = \boldsymbol{\sigma}^{\mathrm{e}} + \boldsymbol{\sigma}^{\mathrm{v}} = E\varepsilon + \eta\dot{\varepsilon} \tag{8.1.1}$$

式中，ε^{e} 和 ε^{v} 分别是应变 ε 的弹性应变分量和黏性应变分量，$\boldsymbol{\sigma}^{\mathrm{e}}$ 和 $\boldsymbol{\sigma}^{\mathrm{v}}$ 分别是应力 $\boldsymbol{\sigma}$ 的弹性应力分量和黏性应力分量，E 是杨氏弹性模量，η 是牛顿黏性系数 (分别参见图 8.1.1 和图 8.1.2)。前者是率型的本构形式，后者是微分型的本构形式。其实都是线性微分方程。

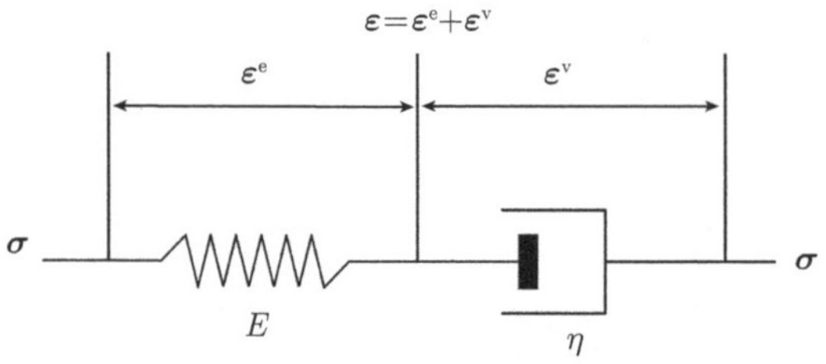

图 8.1.1

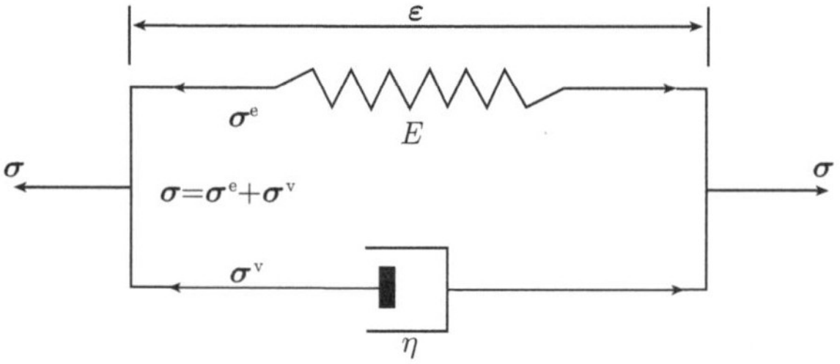

图 8.1.2

引入微分算符 $D=\dfrac{\mathrm{d}}{\mathrm{d}t}$，便有

$$\sigma=\frac{E\eta D}{E+\eta D}\boldsymbol{\varepsilon},\quad \boldsymbol{\varepsilon}=\frac{1}{E+\eta D}\sigma \tag{8.1.2}$$

其通解各为

$$\begin{aligned}&\sigma=\mathrm{e}^{-\frac{t}{t_{\mathrm{s}}}}\left(\sigma_0+E\int_0^t\dot{\varepsilon}\mathrm{e}^{-\frac{t}{t_{\mathrm{s}}}}\mathrm{d}t\right)\quad(t_{\mathrm{s}}=\eta/E)\\&\varepsilon=\mathrm{e}^{-\frac{t}{t_{\mathrm{r}}}}\left(\varepsilon_0+\frac{1}{\eta}\int_0^t\sigma\mathrm{e}^{-\frac{t}{t_{\mathrm{r}}}}\mathrm{d}t\right)\quad(t_{\mathrm{r}}=\eta/E)\end{aligned} \tag{8.1.3}$$

恒应力 $\sigma_0H(t)$ 下的蠕变解各为

$$\varepsilon=\frac{\sigma_0}{E}+\frac{\sigma_0 t}{\eta},\quad \varepsilon=\frac{\sigma_0}{E}\left(1-\mathrm{e}^{-\frac{t}{t_{\mathrm{r}}}}\right) \tag{8.1.4}$$

恒应变 $\varepsilon_0H(t)$ 下的松弛解各为

$$\sigma=E\varepsilon_0\mathrm{e}^{-\frac{t}{t_{\mathrm{s}}}},\quad \sigma=E\varepsilon_0H(t)+\eta\varepsilon_0\delta(t) \tag{8.1.5}$$

恒应变率 $\dot{\varepsilon}=R$ 下的应力应变关系各为

$$\sigma=\eta R\left(1-\mathrm{e}^{-\frac{\varepsilon}{Rt_{\mathrm{s}}}}\right),\quad \sigma=E\varepsilon+\eta R \tag{8.1.6}$$

这三种解的图像分别见图 8.1.3~ 图 8.1.5。

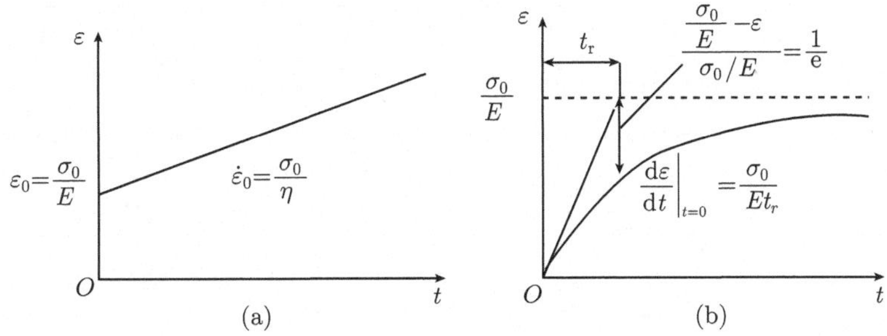

图 8.1.3

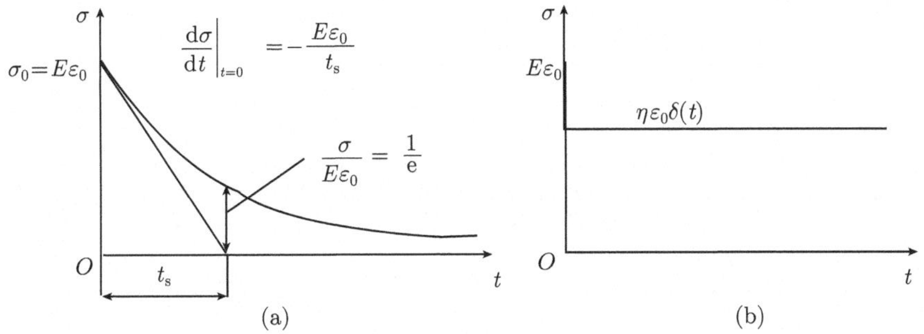

图 8.1.4

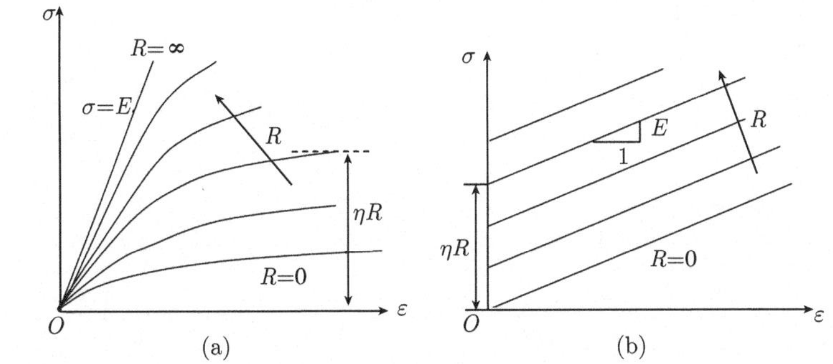

图 8.1.5

Maxwell 模型有瞬态而无平衡态，Voigt 模型有平衡态而无瞬态。

Maxwell 模型较好地模拟了松弛现象，给出了表征材料的一个重要特征时间，即松弛时间 $t_{\mathrm{s}} = \eta/E$；它所预言的蠕变行为实际上是恒应力下的黏性流动；恒应变率下的应力应变曲线有渐近值 ηR。

Voigt 模型较好地模拟了蠕变现象，给出了另一个重要的特征时间，即推迟时间 $t_{\mathrm{r}} = \eta/E$，在时间足够长时，蠕变曲线趋近一个平衡值；它所预言的松弛现象是不需时间过程就达到平衡的；恒应变率行为中没有瞬态应力应变曲线，恒定应变率下都是直线，显然很少有这种性能的固体。

鉴于以上两种模型的缺点，后来提出了几种三元件模型，如图 8.1.6 所示，这些模型的力学性能实质上是一样的，统一地叫做标准线性模型。

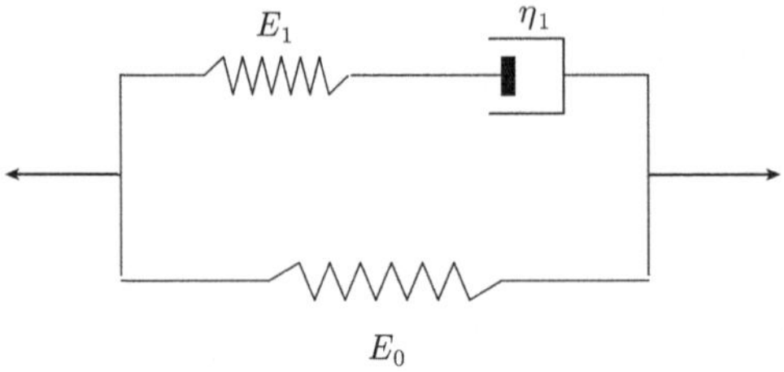

(a)

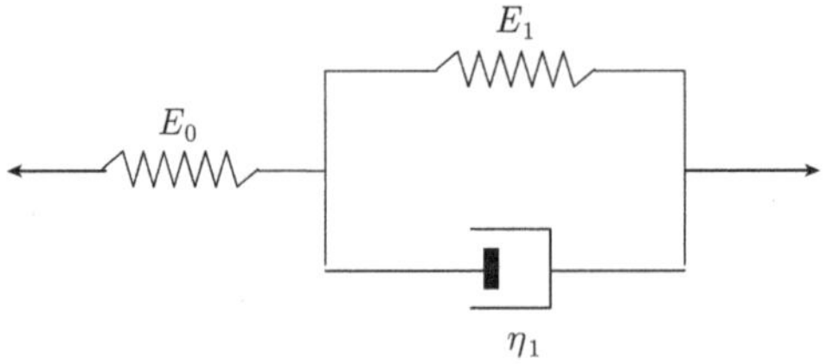

(b)

图 8.1.6

图 8.1.6 所示的两种模型的本构方程分别是

$$\dot{\sigma}+\frac{E_1}{\eta_1}\sigma=(E_0+E_1)\dot{\varepsilon}+\frac{E_0E_1}{\eta_1}\varepsilon,\qquad \dot{\sigma}+\frac{E_0+E_1}{\eta_1}\sigma=E_0\dot{\varepsilon}+\frac{E_0E_1}{\eta_1}\varepsilon \tag{8.1.7}$$

或者写成算符的形式:

$$\sigma=\left(E_0+\frac{E_1\eta_1D}{E_1+\eta_1D}\right)\varepsilon,\qquad \varepsilon=\left(\frac{1}{E_0}+\frac{1}{E_1+\eta_1D}\right)\sigma \tag{8.1.8}$$

在瞬态变形时，$\dot{\varepsilon}=\infty$，阻尼器成为刚体 $\eta_1=\infty$，两种模型的瞬态弹性模量分别为

$$E_{\mathrm{i}}=\frac{\dot{\sigma}}{\dot{\varepsilon}}=E_0+E_1,\quad E_{\mathrm{i}}=\frac{\dot{\sigma}}{\dot{\varepsilon}}=E_0 \tag{8.1.9}$$

在平衡变形时，$\dot{\varepsilon}=0$，阻尼器不受力 $\eta_1=0$，平衡态弹性模量各为

$$E_{\mathrm{e}}=\frac{\sigma}{\varepsilon}=E_0,\qquad E_{\mathrm{e}}=\frac{\sigma}{\varepsilon}=\frac{E_0E_1}{E_0+E_1}=\frac{1}{\dfrac{1}{E_0}+\dfrac{1}{E_1}} \tag{8.1.10}$$

两种模型各有自己的松弛时间和推迟时间。

$$\begin{cases} t_{\mathrm{s}} = \dfrac{\eta_1}{E_1} \\ t_{\mathrm{r}} = \eta_1 \left(\dfrac{1}{E_0} + \dfrac{1}{E_1}\right) \\ E_{\mathrm{i}} = E_{\mathrm{e}} \dfrac{t_{\mathrm{r}}}{t_{\mathrm{s}}} = E_0 + E_1 \end{cases} \qquad \begin{cases} t_{\mathrm{s}} = \dfrac{\eta_1}{E_0 + E_1} \\ t_{\mathrm{r}} = \dfrac{\eta_1}{E_1} \\ E_{\mathrm{i}} = E_{\mathrm{e}} \dfrac{t_{\mathrm{r}}}{t_{\mathrm{s}}} = E_0 \end{cases} \tag{8.1.11}$$

因此，可把两种模型用统一的本构方程表出

$$t_{\mathrm{s}}\dot{\sigma} + \sigma = E_{\mathrm{e}}(t_{\mathrm{r}}\dot{\varepsilon} + \varepsilon), \qquad E_{\mathrm{i}} = \frac{t_{\mathrm{r}}}{t_{\mathrm{s}}} E_{\mathrm{e}} \tag{8.1.12}$$

相应的蠕变行为 ($\sigma = \sigma_0 H(t)$) (参见图 8.1.7)

$$\varepsilon(t) = \sigma_0 \left\{ \frac{1}{E_{\mathrm{i}}} \mathrm{e}^{-\frac{t}{t_{\mathrm{r}}}} + \frac{1}{E_{\mathrm{e}}} \left(1 - \mathrm{e}^{-\frac{t}{t_{\mathrm{r}}}}\right) \right\} \tag{8.1.13}$$

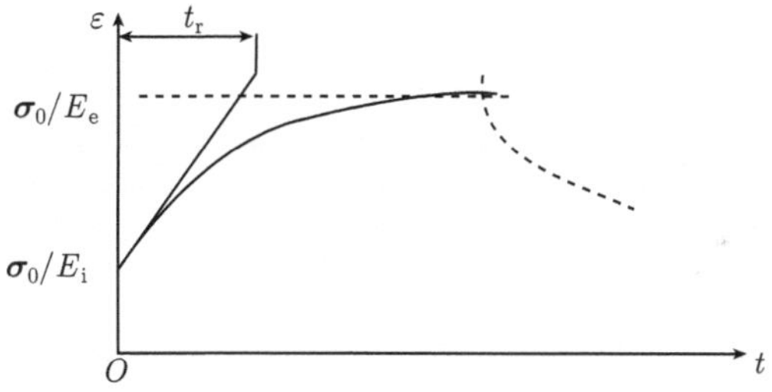

图 8.1.7

相应的松弛行为 ($\varepsilon = \varepsilon_0 H(t)$) (参见图 8.1.8)

$$\sigma(t) = \varepsilon_0 \left\{ E_{\mathrm{i}} \mathrm{e}^{-\frac{t}{t_{\mathrm{s}}}} + E_{\mathrm{e}} \left(1 - \mathrm{e}^{-\frac{t}{t_{\mathrm{s}}}}\right) \right\} \tag{8.1.14}$$

相应的恒应变率行为 ($\dot{\varepsilon} = R$) (参见图 8.1.9)

$$\sigma(\varepsilon) = E_{\mathrm{e}}\varepsilon + (E_{\mathrm{i}} - E_{\mathrm{e}})\, R t_{\mathrm{s}} \left(1 - \mathrm{e}^{-\frac{\varepsilon}{R t_{\mathrm{s}}}}\right) \tag{8.1.15}$$

$$\frac{\mathrm{d}\sigma}{\mathrm{d}\varepsilon} = E_{\mathrm{i}} \mathrm{e}^{-\frac{\varepsilon}{R t_{\mathrm{s}}}} + E_{\mathrm{e}} \left(1 - \mathrm{e}^{-\frac{\varepsilon}{R t_{\mathrm{s}}}}\right) \tag{8.1.16}$$

平衡态 ($R = 0$)，

$$\frac{\mathrm{d}\sigma}{\mathrm{d}\varepsilon} = E_{\mathrm{e}} \tag{8.1.17}$$

瞬态 ($R = \infty$)，

$$\frac{\mathrm{d}\sigma}{\mathrm{d}\varepsilon} = E_{\mathrm{i}} \tag{8.1.18}$$

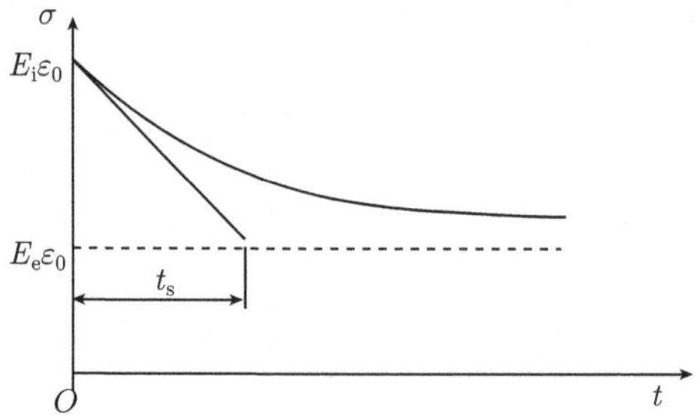

图 8.1.8

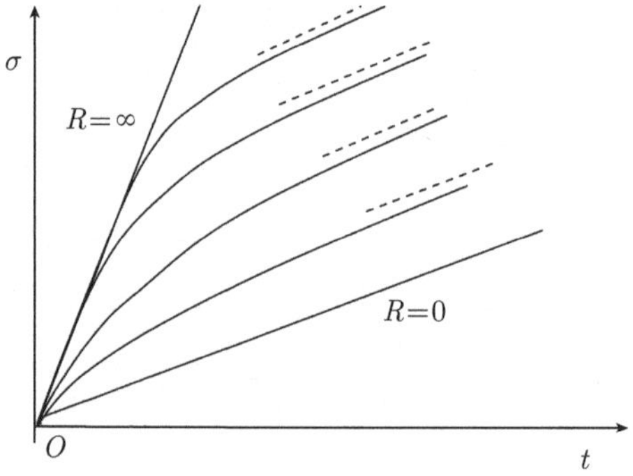

图 8.1.9

对于多元件的模型，其本构方程可写为

$$
\begin{gathered}
P(\sigma)=Q(\varepsilon) \\
P=\sum_{k=0}^{n} p_k \frac{\mathrm{d}^k}{\mathrm{d}t^k}, \qquad Q=\sum_{k=0}^{n} q_k \frac{\mathrm{d}^k}{\mathrm{d}t^k}
\end{gathered} \tag{8.1.19}
$$

式中，p_k，q_k 是 $n+m+2$ 个常数，其中只有 $n+m+1$ 个是独立的，其个数恰和元件数相同。

为了较好地拟合松弛实验数据，常采用广义的 Maxwell 模型 (参见图 8.1.10)。

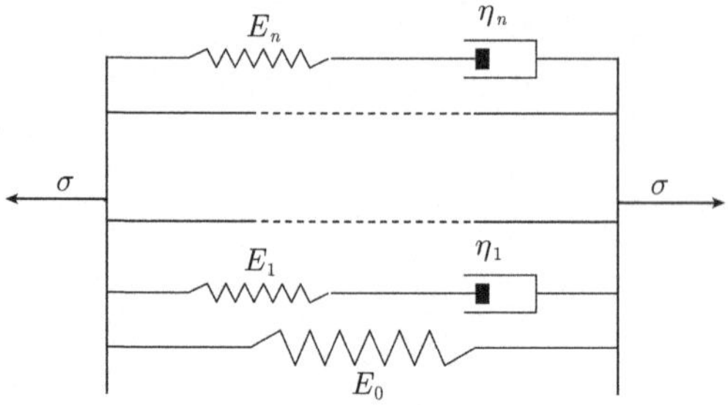

图 8.1.10

其本构方程为

$$\sigma=\sigma_0+\sum\sigma_k=\left\{E_0+\sum\frac{E_k\eta_kD}{E_k+\eta_kD}\right\}\varepsilon \tag{8.1.20}$$

当 $\varepsilon=\varepsilon_0H(t)$ 时

$$\frac{\sigma}{\varepsilon_0}=E_0+\sum E_k\mathrm{e}^{-\frac{t}{t_{sk}}}\qquad\left(t_{sk}=\frac{\eta_k}{E_k}\right) \tag{8.1.21}$$

为了较好地拟合蠕变实验数据，常采用广义的 Voigt 模型 (参见图 8.1.11)。

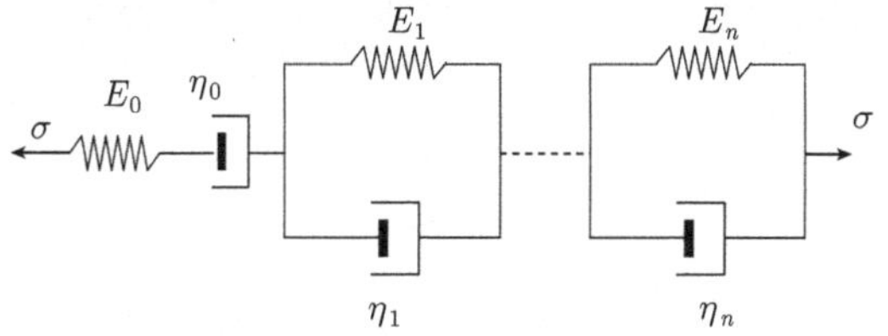

图 8.1.11

其本构方程为

$$\varepsilon=\varepsilon_0+\sum\varepsilon_k=\left\{\frac{1}{E_0}+\frac{1}{\eta_0D}+\sum\frac{1}{E_k+\eta_kD}\right\}\sigma \tag{8.1.22}$$

当 $\sigma=\sigma_0H(t)$ 时，

$$\frac{\varepsilon}{\sigma_0}=\frac{1}{E_0}+\frac{t}{\eta_0}+\sum\frac{1}{E_k}\left(1-\mathrm{e}^{-\frac{t}{t_{rk}}}\right)\qquad\left(t_{rk}=\frac{\eta_k}{E_k}\right) \tag{8.1.23}$$

常常把式 (8.1.21) 和式 (8.1.23) 两个和式连续化成为积分式，即令 $E_k=G(t_s)\mathrm{d}t_s$，$\dfrac{1}{E_k}=J(t_r)\mathrm{d}t_r$。这里 $G(t_s)$ 叫做松弛谱，$J(t_r)$ 叫做蠕变谱，可把两式改写为

$$\frac{\sigma}{\varepsilon_0}=E_0+\int_0^\infty G(t_s)\mathrm{e}^{-\frac{t}{t_{sk}}}\mathrm{d}t_s \tag{8.1.24}$$

$$\frac{\varepsilon}{\sigma_0}=\frac{1}{E_0}+\frac{t}{\eta_0}+\int_0^\infty J(t_r)\left(1-\mathrm{e}^{-\frac{t}{t_{rk}}}\right)\mathrm{d}t_r \tag{8.1.25}$$

8.2 线性积分型本构关系

Boltgmann (1874) 提出一个叠加原理，用以确定非恒值应力或非恒值应变是在应力历史或是应变历史影响下的线性黏弹性材料的反应。

假定有一系列的突加应变在不同时刻 t_k' 加到材料上：

$$\varepsilon(t) = \varepsilon_1 H(t - t_1') + \varepsilon_2 H(t - t_2') + \cdots + \varepsilon_n H(t - t_n') \tag{8.2.1}$$

每个突加应变都将各别地引起材料的应力松弛 $\varepsilon_k g(t - t_k')$ (这里 g 是松弛函数)。假定这些个别影响是各自独立、可以叠加的，则在材料上的总的应力将是

$$\sigma(t) = \sum_k \varepsilon_k g(t - t_k') \tag{8.2.2}$$

如果这些突加应变是连续地施加的，在 $\mathrm{d}t'$ 时间中的增量为 $\mathrm{d}\varepsilon = \dot{\varepsilon}(t')\mathrm{d}t'$，则上面的求和式变成积分式：

$$\sigma(t) = \int_{-\infty}^{t} \dot{\varepsilon}(t')g(t - t')\mathrm{d}t' \tag{8.2.3}$$

式中，变换一个变量，引进流逝时间 $\tau = t - t'$，则积分变为

$$\sigma(t) = +\int_{0}^{\infty} g(\tau)\dot{\varepsilon}(t - \tau)\mathrm{d}\tau \tag{8.2.4}$$

再作分部积分，假定 $\varepsilon(-\infty) = 0$，便得

$$\sigma(t) = g(0)\varepsilon(t) + \int_{0}^{\infty} \dot{g}(\tau)\varepsilon(t - \tau)\mathrm{d}\tau \tag{8.2.5}$$

这里，$\varepsilon(t - \tau)$ 就是直到现在时刻 t 的应变历史，可以简记作 $\varepsilon^t(\tau)$

$$\sigma(t) = g(0)\varepsilon(t) + \int_{0}^{\infty} \dot{g}(\tau)\varepsilon^t(\tau)\mathrm{d}\tau \tag{8.2.6}$$

此式正表明应力是由应变历史决定的，式中的积分正是线性泛函的一种表示形式。

松弛函数 g 的形式应由实验来确定。许多实验研究表明，g 是单调递减函数。这表明黏弹性材料的一种重要性质，即黏弹性材料对于过去所经历的变形历史是能够记忆的，但是较近的历史记得比较清楚，时间久远的就记忆淡薄了。这是一种衰退的记忆，因之可以假定：

$$g(t) = g_{\mathrm{e}} + \sum_k g_k \mathrm{e}^{-\frac{t}{t_{\mathrm{s}k}}} \tag{8.2.7}$$

或者有连续形式

$$g(t) = g_{\mathrm{e}} + \int_{0}^{\infty} G(t_{\mathrm{s}})\mathrm{e}^{-\frac{t}{t_{\mathrm{s}}}}\mathrm{d}t_{\mathrm{s}} \tag{8.2.8}$$

g_{e} 是 $t \to \infty$ 时的平衡值，而 t_{s} 是松弛时间。在 $k = 1$ 的单松弛时间情况下，把式 (8.2.7) 代入式 (8.2.3)) 可得

$$\sigma(t) = g_{\mathrm{e}}\varepsilon(t) + g_1\mathrm{e}^{-\frac{t}{t_{\mathrm{s}1}}}\int_{-\infty}^{t} \dot{\varepsilon}(t')\mathrm{e}^{\frac{t'}{t_{\mathrm{s}1}}}\mathrm{d}t' \tag{8.2.9}$$

对 t 微商并经一些运算可得

$$t_{s1}\dot{\sigma}(t)+\sigma(t)=g_e\varepsilon(t)+t_{s1}(g_e+g_1)\dot{\varepsilon}(t) \tag{8.2.10}$$

这正是标准线性模型的本构方程 (参看式 (8.1.7) 第一式)。若 $k>1$，可得式 (8.1.19) 的结果。因此，弹簧阻尼模型是 Boltgmann 积分型本构方程在采用离散松弛谱假定后的近似结果。

以上的讨论是按照一维假定得出的。对于一般的三维理论可以从一维理论推广得出。对于一般的各向异性材料，三维本构关系为

$$\boldsymbol{\sigma}(t)=\int_{-\infty}^{t}\boldsymbol{C}(t-t')\dot{\boldsymbol{\varepsilon}}(t')\mathrm{d}t' \tag{8.2.11}$$

或经分部积分并用流逝时间 τ 作为积分变量

$$\boldsymbol{\sigma}(t)=\boldsymbol{C}(0)\boldsymbol{\varepsilon}(t)+\int_{0}^{\infty}\mathring{\boldsymbol{C}}(\tau)\boldsymbol{\varepsilon}'(\tau)\mathrm{d}\tau \tag{8.2.12}$$

对于各向同性材料，则可以写出

$$\boldsymbol{\sigma}(t)=\boldsymbol{I}\int_{-\infty}^{t}\lambda(t-t')\mathrm{tr}\dot{\boldsymbol{\varepsilon}}(t')\mathrm{d}t'+\int_{-\infty}^{t}2\mu(t-t')\dot{\boldsymbol{\varepsilon}}(t')\mathrm{d}t' \tag{8.2.13}$$

或者

$$\boldsymbol{\sigma}(t)=\lambda(0)\mathrm{tr}\boldsymbol{\varepsilon}(t)\boldsymbol{I}+2\mu(0)\boldsymbol{\varepsilon}(t)+\int_{0}^{\infty}\{\dot{\lambda}(\tau)\mathrm{tr}\boldsymbol{\varepsilon}^t(\tau)\boldsymbol{I}+2\dot{\mu}(\tau)\boldsymbol{\varepsilon}^t(\tau)\}\mathrm{d}\tau \tag{8.2.14}$$

以上讨论的都是以松弛行为为基础，当然完全可以平行地以蠕变行为为基础讨论，得出应变作为应力历史的泛函形式的本构关系。

8.3 积分型非线性本构方程

在不考虑热效应时，简单材料的本构方程的最一般形式是式 (5.2.12)

$$\boldsymbol{\sigma}=\hat{\boldsymbol{\sigma}}(\boldsymbol{F}^t)$$

这里，$\hat{\boldsymbol{\sigma}}$ 是变形历史 $\boldsymbol{F}^t$ 的泛函。为使本构泛函的形式和标架的变化无关，必须有

$$\boldsymbol{Q}\hat{\boldsymbol{\sigma}}\boldsymbol{Q}^t=\hat{\boldsymbol{\sigma}}(\boldsymbol{Q}^t\boldsymbol{F}^t)=\hat{\boldsymbol{\sigma}}(\boldsymbol{Q}^t\boldsymbol{R}^t\boldsymbol{U}^t) \tag{8.3.1}$$

最右一式已对 $\boldsymbol{F}^t$ 作了极分解。这里 $\boldsymbol{Q}^t$ 是任意的，今取 $\boldsymbol{Q}^t=\boldsymbol{R}^{t\mathrm{T}}$，则可得

$$\boldsymbol{\sigma}=\hat{\boldsymbol{\sigma}}(\boldsymbol{F}^t)=\boldsymbol{R}\hat{\boldsymbol{\sigma}}(\boldsymbol{U}^t)\boldsymbol{R}^t \tag{8.3.2}$$

引进随转应力张量 $\boldsymbol{T}$

$$\boldsymbol{T}=\boldsymbol{R}^{\mathrm{T}}\boldsymbol{\sigma}\boldsymbol{R}=\hat{\boldsymbol{\sigma}}(\boldsymbol{U}^t) \tag{8.3.3}$$

可见 $\boldsymbol{\sigma}$ 只依赖于伸长张量 $\boldsymbol{U}$ 的历史，而对转动只依赖其现时值，和转动的历史无关。也可用 $(\boldsymbol{I}+2\boldsymbol{E})^{\frac{1}{2}}$ 代入 $\boldsymbol{U}$ 中，便可得到用应变张量 $\boldsymbol{E}$ 的历史作为自变量的本构泛函 $\hat{\boldsymbol{T}}$:

$$\boldsymbol{T}=\hat{\boldsymbol{T}}(\boldsymbol{E}^t) \tag{8.3.4}$$

当然也可在式 (8.3.2) 中令 $\boldsymbol{R}=\boldsymbol{F}\boldsymbol{U}^{-1}$ 最后移项归并成对称工程应力张量 $\boldsymbol{\Sigma}$ 和应变张量历史 $\boldsymbol{E}^t$ 之间的泛函数关系 (式 (5.2.22))

$$\boldsymbol{\Sigma}=\hat{\boldsymbol{\Sigma}}(\boldsymbol{E}^t) \tag{8.3.5}$$

式 (8.3.4) 和式 (8.3.5) 都可作为研究非线性黏弹性本构关系的出发点，现在采用式 (8.3.4)。

应变历史 $\boldsymbol{E}^t$ 是应变 $\boldsymbol{E}$ 和过去的时间 t' 在 $-\infty<t'\leqslant t$ 的一一对应关系 $\boldsymbol{E}(t')$，也可看成 $\boldsymbol{E}$ 和流逝时间 τ 之间的一一对应关系 $\boldsymbol{E}(t-\tau)$，$0\leqslant\tau<\infty$，在时间过程中应变的发展有快慢，也就是应变率 $\dot{\boldsymbol{E}}$ 有大小。如何比较两个应变历史是一数学问题。

静止历史在应变空间中反映为一个不动的点 $\boldsymbol{E}^t=\boldsymbol{E}(t)$，这时式 (8.3.4) 表示应力和应变之间的函数关系，$\boldsymbol{T}$ 成为弹性应力。如果应变历史十分接近静止历史，那么对应的应力应该和弹性应力很接近，问题在于如何明确定义应变历史之间的远近距离。

张量跟向量一样，可以用模或范数来表示其大小，模的平方为

$$||\boldsymbol{A}||^2=\boldsymbol{A}\cdot\boldsymbol{A}=\boldsymbol{A}_{ij}\boldsymbol{A}_{ij} \tag{8.3.6}$$

两个张量之间的距离用张量空间中二点之间的距离来表示，其平方为

$$||\boldsymbol{A}-\boldsymbol{B}||^2=\boldsymbol{A}\cdot\boldsymbol{A}+\boldsymbol{B}\cdot\boldsymbol{B}-2\boldsymbol{A}\cdot\boldsymbol{B} \tag{8.3.7}$$

这里，$\boldsymbol{A}\cdot\boldsymbol{B}=A_{ij}B_{ij}$ 叫做张量的内积。可以把应变历史看成是一个线性空间中的向量，所有有界的应变历史的集合构成一个历史空间，其范数和内积分别由下面两式定义：

$$||\boldsymbol{E}^t||^2=\boldsymbol{E}(0)\cdot\boldsymbol{E}(0)+\int_0^{\infty}\boldsymbol{E}^t(\tau)\cdot\boldsymbol{E}^t(\tau)h(\tau)\mathrm{d}\tau \tag{8.3.8}$$

$$\boldsymbol{E}_1^t\cdot\boldsymbol{E}_2^t=\boldsymbol{E}_1(0)\cdot\boldsymbol{E}_2(0)+\int_0^{\infty}\boldsymbol{E}_1^t(\tau)\cdot\boldsymbol{E}_2^t(\tau)h(\tau)\mathrm{d}\tau \tag{8.3.9}$$

式中，τ 为流逝时间，$h(\tau)$ 为随着流逝时间 τ 增大而迅速单调递减的函数，譬如

可令$h(\tau)=\dfrac{1}{\tau_0}\mathrm{e}^{-\frac{\tau}{\tau_0}}$，$\tau_0$ 为一特征时间。这样的定义反映了黏弹性材料对于应变历史具有衰退记忆的性质，时间近的影响大，时间久远的影响极微，这个定义是参照线性黏弹性的理论制订的。两个历史之间的距离可以用 $||\boldsymbol{E}_1^t-\boldsymbol{E}_2^t||$ 来定义。范数 $||\boldsymbol{E}^t||$ 就是历史 $\boldsymbol{E}^t$ 和零历史之间的距离。范数很小就表示应变历史离开无应变的静止历史不远。我们可以以此为据来讨论泛函的各种近似表达。为此先来讨论泛函对其自身变量的导数。

设有一张量值泛函 $\hat{\boldsymbol{T}}(\boldsymbol{A}^t)$，其自变量为历史 $\boldsymbol{A}^t$。$\hat{\boldsymbol{T}}$ 对 $\boldsymbol{A}^t$ 的导数可用内含法来定义。引进一个任意历史 $\boldsymbol{C}^t$, 则

$$\begin{aligned}\frac{\mathrm{d}}{\mathrm{d}h}\hat{\boldsymbol{T}}\left(\boldsymbol{A}^t+h\boldsymbol{C}^t\right)\bigg|_{h=0}&=\frac{\partial\hat{\boldsymbol{T}}}{\partial\left(\boldsymbol{A}^t+h\boldsymbol{C}^t\right)}\frac{\mathrm{d}(\boldsymbol{A}^t+h\boldsymbol{C}^t)}{\mathrm{d}h}\bigg|_{h=0}\\&=\frac{\partial\hat{\boldsymbol{T}}}{\partial\boldsymbol{A}^t}\boldsymbol{C}^t\equiv\delta\hat{\boldsymbol{T}}\left(\boldsymbol{A}^t\middle|\boldsymbol{C}^t\right)\end{aligned}\tag{8.3.10}$$

这里，$\dfrac{\partial\hat{\boldsymbol{T}}}{\partial\boldsymbol{A}^t}$ 就是 $\hat{\boldsymbol{T}}$ 对 $\boldsymbol{A}^t$ 的导数，是个四阶张量，它作为线性变换作用到张量 $\boldsymbol{C}^t$ 上时，得到的映像 $\delta\hat{\boldsymbol{T}}$ 是一个二阶张量，这是历史 $\boldsymbol{A}^t$ 和 $\boldsymbol{C}^t$ 的张量值函数，不过对于 $\boldsymbol{C}^t$ 说来是线性函数。为了强调对于 $\boldsymbol{C}^t$ 是线性的，在函数符号中特地用直线把 $\boldsymbol{C}^t$ 和 $\boldsymbol{A}^t$ 隔开来。$\delta\hat{\boldsymbol{T}}$ 叫做 $\hat{\boldsymbol{T}}$ 的一阶 Frèchet 微分，其分量形式为

$$\left(\delta\hat{\boldsymbol{T}}\right)_{ij}=\frac{\partial\hat{T}_{ij}}{\partial A_{ij}^t}Ck_{k1}^t\tag{8.3.11}$$

同理，可以定义高阶 Fréchet 微分

$$(\delta^2\hat{\boldsymbol{T}})_{ij}=\frac{\partial^2\hat{T}_{ij}}{\partial A_{kl}^t\,\partial A_{mn}^t}C_{kl}^tC_{mn}^t\tag{8.3.12}$$

$$(\delta^3\hat{\boldsymbol{T}})_{ij}=\frac{\partial^3\hat{T}_{ij}}{\partial A_{kl}^t\,\partial A_{mn}^t\,\partial A_{pq}^t}C_{kl}^tC_{mn}^tC_{pq}^t\tag{8.3.13}$$

利用上面结果，可以把泛函数 $\hat{\boldsymbol{T}}(\boldsymbol{A}^t+\boldsymbol{C}^t)$ 在历史 $\boldsymbol{A}^t$ 处对历史 $\boldsymbol{C}^t$ 作 Taylor 展开，而以范数 $||\boldsymbol{C}||$ 作为度量展开时的大小的尺度为

$$\begin{aligned}\hat{\boldsymbol{T}}(\boldsymbol{A}^t+\boldsymbol{C}^t)=&\hat{\boldsymbol{T}}(\boldsymbol{A}^t)+\delta\hat{\boldsymbol{T}}(\boldsymbol{A}^t|\boldsymbol{C}^t)+\frac{1}{2!}\delta^2\hat{\boldsymbol{T}}(\boldsymbol{A}^t|\boldsymbol{C}^t,\boldsymbol{C}^t)\\&+\frac{1}{3!}\delta^3\hat{\boldsymbol{T}}(\boldsymbol{A}^t|\boldsymbol{C}^t,\boldsymbol{C}^t,\boldsymbol{C}^t)+\cdots+O(||\boldsymbol{C}^t||^n)\end{aligned}\tag{8.3.14}$$

如果令 $\boldsymbol{A}^t=\boldsymbol{0}$，$\boldsymbol{C}^t=\boldsymbol{E}^t$，就得到本构泛函的展开式

$$\hat{\boldsymbol{T}}(\boldsymbol{E}^t)=\hat{\boldsymbol{T}}(\boldsymbol{0})+\delta\hat{\boldsymbol{T}}(\boldsymbol{0}|\boldsymbol{E}^t)+\frac{1}{2}\delta^2\hat{\boldsymbol{T}}(\boldsymbol{0}|\boldsymbol{E}^t,\boldsymbol{E}^t)+\cdots+O(||\boldsymbol{E}^t||^n)\tag{8.3.15}$$

注意到现在的 $\delta\hat{\boldsymbol{T}}(\boldsymbol{0}|\boldsymbol{E}^t)$ 是线性泛函，$\delta^2\hat{\boldsymbol{T}}(\boldsymbol{0}|\boldsymbol{E}^t,\boldsymbol{E}^t)$ 是双线性泛函等，它们可以分别用单重积分、二重积分等来表示。

首先，考虑没有初应力的例子 $\hat{\boldsymbol{T}}(\boldsymbol{0})=0$；其次，对 Taylor 级数只取前三项作为近似，它们分别是应变历史 $\boldsymbol{E}^t$ 的线性、双线性和三重线性泛函：

$$\tilde{\boldsymbol{T}}(\boldsymbol{E}^t)=\tilde{\boldsymbol{A}}(\boldsymbol{E}^t)+\tilde{\boldsymbol{B}}(\boldsymbol{E}^t,\boldsymbol{E}^t)+\hat{\boldsymbol{C}}(\boldsymbol{E}^t,\boldsymbol{E}^t,\boldsymbol{E}^t) \tag{8.3.16}$$

对于一个变化历史 $\boldsymbol{E}^t(\tau)$，可以通过一个参变历史 $\boldsymbol{G}(\tau)$ 形成一个内积 $\boldsymbol{G}(\tau)\cdot\boldsymbol{E}^t(\tau)$，它是 $\boldsymbol{E}^t$ 的标量值函数

$$f(\boldsymbol{E}^t)=\boldsymbol{G}(\tau)\cdot\boldsymbol{E}^t(\tau)=\boldsymbol{G}(0)\cdot\boldsymbol{E}(0)+\int_0^{+\infty}\boldsymbol{G}(\tau)\cdot\boldsymbol{E}^t(\tau)h(\tau)\mathrm{d}\tau \tag{8.3.17}$$

如 $\hat{\boldsymbol{E}}^t$ 有一个张量值函数 $\hat{\boldsymbol{A}}(\boldsymbol{E}^t)$，它可用并矢表示：

$$\hat{\boldsymbol{\mathcal{A}}}\;(\boldsymbol{E}^t)=\mathcal{A}_{ij}(\boldsymbol{E}^t)\boldsymbol{e}_i\boldsymbol{e}_j \tag{8.3.18}$$

这里，每个分量都是标量值函数，因而可以按式 (8.3.17) 表出，如参变历史用 $A_{ij}(\tau)$ 表示，则它代表 9 个历史，有

$$\begin{aligned}\hat{\boldsymbol{\mathcal{A}}}_{\;ij}(\boldsymbol{E}^t)&=\boldsymbol{A}_{ij}(\tau)\cdot\boldsymbol{E}^t(\tau)\\&=\boldsymbol{A}_{ij}(0)\cdot\boldsymbol{E}(0)+\int_0^{\infty}\boldsymbol{A}_{ij}(\tau)\cdot\boldsymbol{E}^t(\tau)h(\tau)\mathrm{d}\tau\\&=A_{ijkl}(0)E_{kl}(0)+\int_0^{\infty}A_{ijkl}(\tau)E^t_{kl}(\tau)h(\tau)\mathrm{d}\tau\end{aligned} \tag{8.3.19}$$

这里，A_{ijkl} 可以看成是四阶张量 A 的分量，于是

$$\hat{\boldsymbol{\mathcal{A}}}\;(\boldsymbol{E}^t)=\boldsymbol{A}(0)\boldsymbol{E}(0)+\int_0^{\infty}\boldsymbol{A}(\tau)\boldsymbol{E}^t(\tau)h(\tau)\mathrm{d}\tau \tag{8.3.20}$$

如令

$$\boldsymbol{A}(\tau)h(\tau)=\dot{\boldsymbol{\alpha}}(\tau),\quad \boldsymbol{A}(0)=\boldsymbol{\alpha}(0) \tag{8.3.21}$$

便得到

$$\hat{\boldsymbol{\mathcal{A}}}\;(\boldsymbol{E}^t)=\boldsymbol{\alpha}(0)\boldsymbol{E}(0)+\int_0^{\infty}\dot{\boldsymbol{\alpha}}(\tau)\boldsymbol{E}^t(\tau)\mathrm{d}\tau \tag{8.3.22}$$

这便和线性黏弹性的本构泛函式 (8.2.6) 在形式上一致，而这里对应变的大小并无限制。

关于式 (8.3.16) 中的双线性项和三重线性项，它们代表在历史过程中不同时刻的交互影响所形成的非线性项，阶数越高，非线性的程度越高。它们可以通过对内积公式多次重复运用而得出积分表示式。例如，为求双线性项 $\hat{\boldsymbol{B}}(\boldsymbol{E}^t,\boldsymbol{E}^t)$ 的积分表

示式，我们假定式 (8.3.17) 中的 $\boldsymbol{G}(\tau)$ 为依赖于应变历史 $\boldsymbol{E}^t$ 的泛函 $\hat{\boldsymbol{G}}(\tau,\boldsymbol{E}^t)$，这样可以仿照式 (8.3.20) 把它展开，设用 $\boldsymbol{B}_{ij}(\eta)$ 作参变历史 (η 为另一个流逝时间)，则有

$$\boldsymbol{G}(\tau)=\hat{\boldsymbol{G}}(\tau,\boldsymbol{E}^t)=\boldsymbol{B}(\tau,0)\boldsymbol{E}(0)+\int_0^\infty \boldsymbol{B}(\tau,\eta)\boldsymbol{E}^t(\eta)\mathrm{d}\eta \tag{8.3.23}$$

式中，$\boldsymbol{B}$ 是一个四阶张量，代回式 (8.3.17)，可得一个双线性标量：

$$\begin{aligned}f(\boldsymbol{E}^t,\boldsymbol{E}^t)=&\boldsymbol{B}(0,0)\boldsymbol{E}(0)\cdot\boldsymbol{E}(0)\\&+\int_0^\infty \boldsymbol{B}(\tau,0)\boldsymbol{E}(0)\cdot\boldsymbol{E}^t(\tau)h(\tau)\mathrm{d}\tau\\&+\int_0^\infty \boldsymbol{B}(0,\eta)\boldsymbol{E}^t(\eta)\cdot\boldsymbol{E}(0)h(\eta)\mathrm{d}\eta\\&+\int_0^\infty\int_0^\infty \boldsymbol{B}(\tau,\eta)\boldsymbol{E}^t(\eta)\cdot\boldsymbol{E}^t(\tau)h(\eta)h(\tau)\mathrm{d}\eta\mathrm{d}\tau\end{aligned} \tag{8.3.24}$$

而张量值函数 $\hat{\boldsymbol{B}}(\boldsymbol{E}^t,\boldsymbol{E}^t)$ 有 9 个分量，都是标量值双线性函数，每个都可套用上式，则将出现 $\boldsymbol{B}_{ij}(\tau,\eta)$ 那样的量，这是六阶张量的分量。在这种情况下，以使用张量的分量形式较为方便。最后可得

$$\begin{aligned}\hat{\boldsymbol{B}}_{ij}(\boldsymbol{E}^t,E^t)=&B(0,0)_{ijklmn}E_{kl}(0)E_{mn}(0)\\&+\int_0^\infty\left\{B_{ijklmn}(0,\tau)+B_{ijmnkl}(\tau,0)\right\}E(0)_{kl}E^t(\tau)_{mn}h(\tau)\mathrm{d}\tau\\&+\int_0^\infty\int_0^Y B_{jklmn}(\tau,\eta)E^t_{kl}(\tau)E^t_{mn}(\eta)h(\tau)h(\eta)\mathrm{d}\tau\mathrm{d}\eta\end{aligned} \tag{8.3.25}$$

同样可以得出三重线性项，当然是更长的式子。通过分部积分，假定$\boldsymbol{E}(-\infty)=0$ 为参考构形，最后可以得到非线性积分本构方程的简化形式 (Green Rivlin, 1957)：

$$\begin{aligned}T_{ij}(t)=&\int_{-\infty}^t \alpha_{ijkl}(t-\tau_1)\dot{E}_{kl}(\tau_1)d\tau_1\\&+\int_{-\infty}^t\int_{-\infty}^t \beta_{ijklmn}(t-\tau_1,t-\tau_2)\dot{E}_{kl}(\tau_1)\dot{E}_{mn}(\tau_2)\mathrm{d}\tau_1\mathrm{d}\tau_2\\&+\int_{-\infty}^t\int_{-\infty}^t\int_{-\infty}^t \gamma_{ijklmnpq}(t-\tau_1,t-\tau_2,t-\tau_3)\dot{E}_{kl}(\tau_1)\dot{E}_{mn}(\tau_2)\dot{E}_{pq}(\tau_3)\mathrm{d}\tau_1\mathrm{d}\tau_2\mathrm{d}\tau_3\end{aligned} \tag{8.3.26}$$

对于各向同性材料的三维本构关系，式 (8.3.26) 将化成应变张量的不变量函数的三重积分形式。在一维情况下，式中的张量都化为标量，而转动不会发生，因而

有下面的简化形式:

$$\begin{aligned}\sigma(t) = &\int_{-\infty}^{t} \alpha_{ijkl}(t-\tau_1)\dot{E}(\tau_1)\mathrm{d}\tau_1 \\ &+ \int_{-\infty}^{t}\int_{-\infty}^{t} \beta(t-\tau_1, t-\tau_2)\dot{E}(\tau_1)\dot{E}(\tau_2)\mathrm{d}\tau_1\mathrm{d}\tau_2 \\ &+ \int_{-\infty}^{t}\int_{-\infty}^{t}\int_{-\infty}^{t} \gamma(t-\tau_1, t-\tau_2, t-\tau_3)\dot{E}(\tau_1)\dot{E}(\tau_2)\dot{E}(\tau_3)\mathrm{d}\tau_1\mathrm{d}\tau_2\mathrm{d}\tau_3\end{aligned} \tag{8.3.27}$$

式中，3 个函数 α, β, γ 要由实验来确定。

如做简单松弛实验，令

$$E(t) = e_0 H(t) \tag{8.3.28}$$

则因 $\dot{E}(t) = e_0\delta(t)$，代入式 (8.3.27) 可得

$$\sigma(t) = e_0\alpha(t) + e_0^2\beta(t,t) + e_0^3\gamma(t,t,t) \tag{8.3.29}$$

这样，需要做 3 次实验，取得 3 组数据，解代数方程组来定出 3 个函数 $\alpha(t), \beta(t,t)$, $\gamma(t,t,t)$。这样 $\alpha(t)$ 的函数关系全部确定了。但是 β, γ 的其他值，必须考虑做双台阶的松弛试验。令

$$E(t) = e_1 H(t) + e_2 H(t-k) \tag{8.3.30}$$

代入式 (8.3.27)，假定 β, γ 对其自变量是对称的，可得

$$\sigma(t) = 2e_1e_2\beta(t,t-k) + 3e_1^2e_2\gamma(t,t,t-k) + 3e_1e_2^2\gamma(t,t-k,t-k) + (\text{已知项}) \tag{8.3.31}$$

这需要再做 3 次实验，在这 3 次实验中还要注意选择 e_1, e_2 使之成为独立的组合，便可确定 $\beta(t,t-k), \gamma(t,t,t-k), \gamma(t,t-k,t-k)$。这样，在 x, y 平面上，函数 β 可以在直线 $y = x - k$ 上确定。假定在 x, y 平面需要 N 条直线才能把整个平面照顾到，没有直线通过之处用内插法求解，这样，形如式 (8.3.30) 的双台阶实验需要做 $3N$ 次，这 $3N$ 次实验还同时解决了函数 γ 中两个自变量相同时的函数值。留下的便是 3 个自变量全不相等的情况，这需要做一组三阶应力松弛试验。令

$$E = e_1H(t) + e_2H(t-k) + e_3H(t-l) \tag{8.3.32}$$

代入式 (8.3.27) 后，可求出

$$\sigma(t) = 6e_1e_2e_3\gamma(t,t-k,t-l) + (\text{已知项}) \tag{8.3.33}$$

只要一个实验就可以确定一定 k, l 值之下的 γ 之值。函数 γ 对于 k 和 l 应是对称

的，假定 $0<k<l$，则需要做 $\frac{1}{2}N(N-1)$ 次实验可以得到 x,y,z 空间中足够多点的 γ 值，其他点用内插法求函数 γ 之值。

因此，为要在足够多的点上确定 3 个函数 α,β,γ 之值，需要做的实验总数为

$$3+3N+\frac{1}{2}N(N-1)=\frac{1}{2}(N+3)(N+2)$$

为了粗求函数值，令 $N=5$，则实验总数为 28 次；为了得到较满意的函数值，令 $N=10$，则实验总数为 78 次。当然为了提高可靠性，每次实验总要重复几次，如重复实验数为 3，则上述两种精度的实验要做 84 次或 234 次。可见为了得到较为满意的拟合曲线，多重积分法要求的实验量是相当大的。如果在三维情况下据计算，不重复的实验总次数需要 $4N^2+6N+3$，这是非常惊人的数字了。这是多重积分形式本构关系的缺点。为了改进，常常提出进一步的假定，如假定材料是不可压缩的，或采用非线性的单重积分等。

下面举一个例子，在多重积分本构关系的框架下，根据实验启示提出合理假定，来确定材料的数学模型。

用分段式 Hopkinson 压杆对工程塑料聚碳酸酯 (PC) 做五组冲击载荷下的恒应变率实验，应变率分别为 2.20×10^3，1.20×10^3，0.82×10^3，0.69×10^3，$0.27\times10^3\ \mathrm{s}^{-1}$，又做了两组准静态实验，应变率为 7.0×10^{-3} 和 $7.0\times10^{-4}\ \mathrm{s}^{-1}$。实验的平均结果归结为 7 条应力应变曲线 (参看图 8.3.1 和图 8.3.2)。

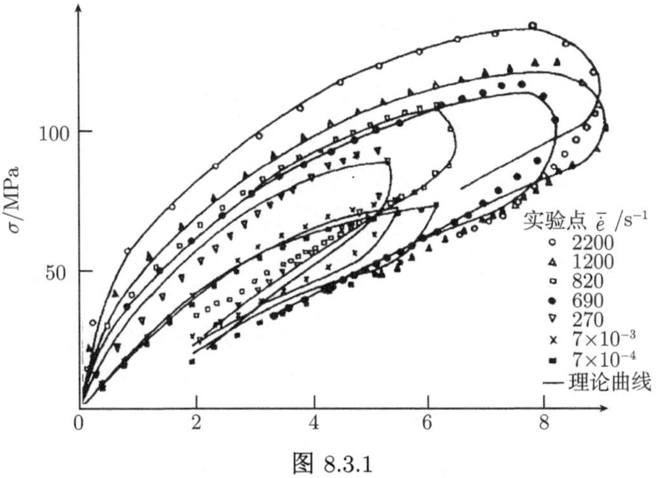

图 8.3.1

图 8.3.1 上的 7 条曲线没有渐近直线，说明实验材料具有非线性效应。准静态应力应变曲线的强烈弯曲，说明非线性效应主要来自于弹性。给定应变下的应力与应变率对数的曲线关系，如图 8.3.2 所示，它们由两段直线组成，在应变率低于 $10^2\ \mathrm{s}^{-1}$ 时材料对应变率不太敏感，应变率高于 $10^2\ \mathrm{s}^{-1}$ 时就对应变率变得很敏感。

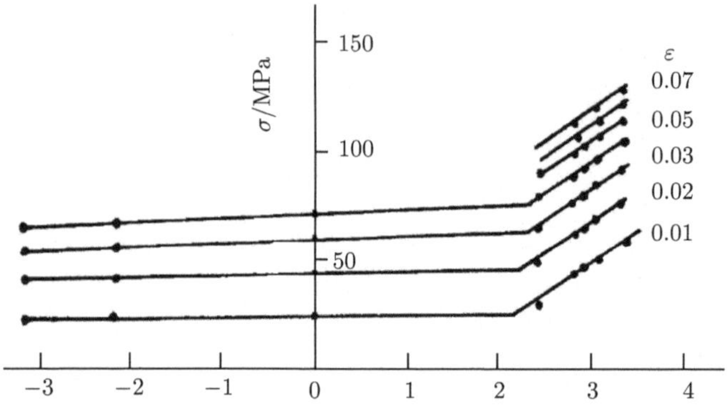

图 8.3.2

因此可假定材料是具有两个松弛时间相差颇大的线性黏弹性和非线性弹性的结合。其 3 个反应函数假定为

$$\begin{aligned}&\alpha(t-\tau_1)=\alpha_0+E_1\exp\left(-\frac{t-\tau_1}{t_{s1}}\right)+E_2\exp\left(-\frac{t-\tau_1}{t_{s2}}\right)\\&\beta(t-\tau_1,t-\tau_2)=\beta_0\\&\gamma(t-\tau_1,t-\tau_2,t-\tau_3)=\gamma_0\end{aligned}\tag{8.3.34}$$

代入一维 Green Rivlin 本构关系 (8.3.27) 中得

$$\begin{aligned}\sigma(t)=&\int_0^t\left\{E_1\exp\left(-\frac{t-\tau_1}{t_{s1}}\right)+E_2\exp\left(-\frac{t-\tau_1}{t_{s2}}\right)\right\}\dot{\varepsilon}(\tau_1)\mathrm{d}\tau_1\\&+\alpha_0\varepsilon(t)+\beta_0\varepsilon(t)^2+\gamma_0\varepsilon(t)^3\end{aligned}\tag{8.3.35}$$

在恒应变率 $\dot{\varepsilon}=R$ 时加载应力应变关系为

$$\begin{aligned}\sigma(\varepsilon)=&RE_1t_{s1}\left\{1-\exp\left(-\frac{\varepsilon}{Rt_{s1}}\right)\right\}+RE_2t_{s2}\left\{1-\exp\left(-\frac{\varepsilon}{Rt_{s2}}\right)\right\}\\&+\alpha_0\varepsilon+\beta_0\varepsilon^2+\gamma_0\varepsilon^3\end{aligned}\tag{8.3.36}$$

用式 (8.3.36) 来拟合实验应力应变曲线，得到 7 个常数的如下拟合值：

α_0/GPa	β_0/GPa	γ_0/GPa	E_1/GPa	t_{s1}/s	E_2/GPa	t_{s2}/μs
2.20	23	−52	0.10	470	0.73	140

拟合曲线对实验点符合很好。

在恒应变率 $\dot{\varepsilon}=-R$ 时，卸载应力应变关系为

$$\begin{aligned}\sigma(\varepsilon)=&RE_1t_{\mathrm{s}1}\left\{2\exp\left(\frac{\varepsilon-\varepsilon_0}{Rt_{\mathrm{s}1}}\right)-\exp\left(\frac{\varepsilon-2\varepsilon_0}{Rt_{\mathrm{s}1}}\right)-1\right\}\\&+RE_2t_{\mathrm{s}2}\left\{2\exp\left(\frac{\varepsilon-\varepsilon_0}{Rt_{\mathrm{s}2}}\right)-\exp\left(\frac{\varepsilon-2\varepsilon_0}{Rt_{\mathrm{s}2}}\right)-1\right\}\\&+\alpha_0\varepsilon+\beta_0\varepsilon^2+\gamma_0\varepsilon^3\end{aligned}\tag{8.3.37}$$

式中，所用应变量度都指 Green 应变，ε_0 为卸载开始点的应变值。此式对卸载的预言和实验曲线密合，说明多重积分理论框架和所作近似假定对环氧树脂在高应变率下的性能的模拟是合适的。

参 考 文 献

Coleman B D, Gurtin M E. 1967. Thermodynamics with internal state variables. J. Chem. Phys., **47**: 597-613.

Coleman B D, Mizel V J. 1964. Existence of caloric equations of state in thermodynamics. J. Chem. Phys. **40**: 1116-1125.

Darison L, Stevens A L, Kipp M E. 1977. Theory of spall damage accumulation in ductile metals. J. Mech. Phys. Solids, **25**: 11-28.

DeGroot S R, Mazur P. 1981. Non-equilibrium thermodynamics. 陆全康, 译. 上海: 上海科学技术出版社.

Herrmann W. Dynamic Constitutive Equations. 1974. U.S. National Congress of Applied Mechanics, Proceedings. (A75-23628 09-70) New York, American Society of Mechanical Engineers, 60-69.

Herrmann W, Nunziato J W. 1973. Nonlinear Constitutive Equations, Dynamic Response of materials to Intense Impulsive Loadingll. Chou P C, Hopkins A K. U. S. Government Printing Office, 123-282.

Kestin J. 1979. A Course in Thermodynamics. Hemisphere Publishing Corporation.

Kratonchrit J. 1971. Finite-strain theory of crystalline elastic–inelastic materials. J. Appl. Phys., **42**: 1104-1108.

Lavenda B H. 1978. Thermodynamics of Irreversible Processes. MacMillan Press Ltd.

Lubliner J. 1972. On the thermodynamic foundations of non-linear solid mechanics. Int. J. Nonlinear Mech, **7**(3): 237–254.

Naghdi P M. 1960 Stress-strain relations in plasticity and thermoplasticity, in plasticity// Lee E H, Symonds P S. Pergamon Press, London, 121-167.

Perzyna P. 1966, Fundamental Problems in Viscoplasticity, Advances in Applied Mechanics// Kuerti G. New York: Academic Press, 243-377.

Rice J R. 1971. Inelastic constitutive relations for solids: an internal-variable theory and its application to metal plasticity. J. Mech. Phys. Solids, **19**: 433-455.

Truesdell C// Noll W. 1965. The Non-Linear Field Theories of Mechanics, in Encyclopedia of Physics// Flugge S. Berlin: Springer Verlag.

Truesdell C. 1969. Rational Thermodynamics, a course of lectures. on selected topics. McGraw Hill Book Co.

Truesdell C, Toupin R A. The Classical Field Theories, in Encyclopedias of Physics// Flugge S. Berlin: Springer Verlag, 1960.

后　记

材料本构关系在连续介质力学发展中的重要性怎么强调也不会过分。回顾一下力学的各基本分支学科的形成和分类，如一般力学 (刚体力学)、流体力学、固体力学等，实质上不正是以本构关系的不同而相区分的吗？如果说连续介质力学控制方程组中的质量守恒、动量守恒和能量守恒方程反映了各力学分支学科的普遍共性，那么材料本构关系则反映了这些基本分支学科各自不同的特性。

相应地，连续介质力学常常随着材料本构关系的研究进展而发展。经典弹性力学是建立在小应变下材料遵循线性可逆 Hooke 定理 (率无关本构关系，可逆热力学) 的基础上的。但随着时代的进步，大量实际问题的解决已不再是经典弹性力学所能回答的了。各种现实问题一方面对于大变形的刻画 (几何非线性)，以及大变形下本构关系的刻画 (物理非线性) 提出了挑战；另一方面又对包含耗散过程本构关系的刻画 (塑性耗散、黏性耗散、率相关本构关系、不可逆热力学) 提出了挑战 (如弹塑性、黏弹性、黏弹塑性、热黏弹性、热黏弹塑性等)。何况应变和应力本身是张量，更进一步增添了数学上和物理上的复杂性。然而再复杂的各种本构关系，也都要遵循一些共同的基本规律，例如，客观存在的材料本构关系应该与参考标架的选择无关 (标架无关原理或客观性原理)，以及满足热力学第一定理和第二定理等。为了在诸多复杂因素中抓住主要因素，也需要作一些合理的简化假定，例如，假定质点的行为只由其附近很小的邻域中的运动历史和温度历史所确定 (局部作用原理)，以及假定材料对于较久远的历史易于遗忘 (减退记忆原理) 等。正是这些实际需求和学术上的复杂性，促进了现代本构关系理论的发展，进而推动了连续介质力学新学科分支、多本构关系学科和跨学科分支的发展。事实上，这些年来一方面以新材料本构关系为特征的新学科分支如高分子力学、复合材料力学、冰力学、相变材料力学、纳米力学等不断涌现；另一方面，以探索材料本构关系物理机制为目的的位错力学、损伤力学、多尺度力学等也不断涌现，无不与材料本构关系相密切联系。无疑，这一发展趋势仍将继续着！

朱兆祥先生是我国在材料本构关系理论进行研究和教学工作的先驱者。他很早就洞察到这一发展趋势，并率先投身于此领域。在 1956 年协助钱学森先生创建中国科学院力学研究所时，他的主要工作是钱学森所长任命的中国科学院力学研究所学术秘书，但同时还参与塑性力学组的研究工作，与李敏华先生和王仁先生等共同推进塑性力学在我国的启动和发展。1958 年，科学出版社出版了他的译著《非线性弹性力学基础》(原著 В. В. Новожилов(诺沃日洛夫)，Основы нелинейно йтеорииупрутости，1948，Л. М. Гостехиздат)，给我国力学界提供了第一部这方面的著作，也说明他早就开始关注以非线性本构关系为特征的力学的发展。随后，他被调离力学研究所去中国科学技术大学任教，仍在逆境下钻研材料本构关系的基础理论 —— 理性力学。我曾经读过他在那时期写的一篇随笔《初到科大》(未发表)，其中除了发人深思的一句话 “世界上只有教不好的老师，没有教不好的学生” 外，还钦佩他在那样的逆境下刻苦钻研的韧劲：“…… 从图书馆借来 Clifford Truesdeu 主编的《理性力学和分析》(*Archive for Rational Mechanics and Analysis*)，重新开始由于反右而中断的《弹性和流体动力学基础》的翻译。这位作者，钱学森叫他 ‘神经病’。在 20 世纪 50 年代的美国力学界中风传着一句话 ‘凡是搞理性力学的人，都是最没有理性的人。’ 我在坎坷的困境中，竟终日沉湎在 ‘没有理性’ 的人群的魁首所写的理性力学中 ……”。

改革开放迎来了科学研究的第二春，也在全国掀起了新一波的学习高潮。1978 年恢复招收研究生和高考后，朱兆祥先生在中国科技大学亲自为爆炸力学专业的研究生和本科生先后开设新课程 —— 材料本构关系理论 (现代连续介质力学)，领全国高校之先。听课的不仅有研究生，连爆炸力学教研室的教师几乎都参加了。他认为在学生的课程设置上应该坚持 “基础宽厚”、“起点要高” 的原则，以利于培养具有创新性的人才。他把“材料本构关系理论”列为中国科学技术大学力学专业必修课之一。此后，还先后应邀去中国工程物理研究院、中国科学院力学研究所、核防护研究所、北京理工大学、吉林工业大学、全国应用数学和力学讲座等处，以此课程内容进行专题讲座，使这门新知识在全国得到广泛传播。凡听过朱先生讲课的人都有一个共同感受：他常常亲自准备讲义 (早期还自刻蜡纸印刷)，授课时则重点突出、删繁就简、由浅入深、深入浅出、联系实际、引人入胜。可惜的是，他在中国科学技术大学任教期间先后开了十几门课，编写了数百万字教材，却一直由于他坚持严谨态度而未能正式出版。

2003 年末，我高兴地收到中国科学院力学研究所图书信息中心负责人朱涛的来信，说力学研究所想将朱兆祥先生的“材料本构关系理论”讲义出版，朱先生本人已表示同意，希望我能够参与整理。联想到钱令希老先生也曾经嘱咐过我这件事，当然义不容辞；并推荐多年从事理性力学研究的钱伟长先生高足沈利君共同进行校核整理。朱涛考虑得很周到，为便于校核，先安排专人把讲义文稿和附图 (1983 年长春版) 转录成 Word 版本。2004 年八九月间我们收到了全部电子文本，开始进行校核整理。历时约一年，第一校完成。2005 年 8 月沈利君携“一校稿”赴京向朱先生作了汇报。是年 10 月朱先生回宁波大学时，还专门找我们两人讨论了书稿之事。朱先生非常严谨认真，总想在正式付印前，再由他自己从头到尾审核一遍。然而，此后朱先生的健康情况发生明显变化，越来越力不从心。在他 2006 年 4 月 5 日给我的信中，以潦草抖动的字迹写道：“…… 这半年零一些的日子里，家人多不让我上街，也使我感到十分苦闷。最苦闷的是在目前形势下，我不被家里人准许到力学所处理我们的文稿。我希望这条禁约被较快地解决。”我明白他所说的“我们的文稿”就是指准备提交出版的“材料本构关系理论”讲义的校稿，他把它看成是“我们的”，朱先生就是这样一贯地谦待学生辈。其实邓爽老师附信说：“…… 他现在记忆力较差，耳朵‘背’，我们担心他自己上街搞不清路线，或听不清过街车信号，怕出事故，所以即或他不十分情愿，我们还是说服他，每次出门总有人陪伴。至于去所里工作查材料，从来都有人陪伴。他苦闷，那是他不够理解我们的用心 …… ”。弹指一挥间，直到 2011 年 11 月 28 日朱兆祥先生与世长辞，他遗憾地未能实现对书稿再亲自审核一遍的愿望。

现在力学研究所决定正式出版朱兆祥先生的“材料本构关系理论”讲义书稿，我们怀着崇敬的心情对书稿作了第二次校对整理。鉴于朱先生已经故去，书稿基本上保持朱先生原稿内容和章节安排，除有个别明显的笔误和印误帮他修正，也基本上保持朱先生原稿的独特风格，仅统一了全书文字和图中的符号。书中的“第 7 章弹塑性”，按照朱先生生前嘱咐，请黄筑平教授作了校核。借此机会向朱涛和黄筑平特致谢意！

与 20 世纪 70 年代末朱先生首开“材料本构关系理论 (现代连续介质力学)”时的情况相比，国内目前在这方面的教学和研究已有长足的进展，也出版了多部精彩的大作。但这些丝毫不会影响朱先生这本著作的出版价值。朱先生本人是爆炸力学专家，书中“第 6 章弹性”的第二节“热弹性流体”实际上讲的正是爆炸力学中高压下流体动力学本构模型；紧接着还导出了具有实际应用价值的著名的 Mie-Grüneisen 状态方程，体现了本书把准静态与冲击动态相结合、统一演绎的特点。朱先生本人还是新的一类弱非线性热黏弹性本构方程 (被称为“朱–王–唐方程或 ZWT 方程) 的创建者，书中的第 8 章对此有严格的理论推导和实验证明，不失为本书的创新点之一。凡此种种，都说明本书是一本简明深入、富有特色的著作，尤其适合那些见到大部头著作可能会望而生畏的初学者，一旦入了门，再去研读大部头著作也就比较容易了。

愿本书的出版再一次深深寄托我们对朱兆祥先生的衷心崇敬和绵绵怀念！

王礼立　沈利君

2013 年 7 月于宁波

索　　引

其他